茶道六百年

周重林 著

华中科技大学出版社
http://www.hustp.com
中国·武汉

序

好多年了，时不时有人问我怎么提高写作水平、怎么把文章写好？

我当然明白，人家以为学者就是有学问的人，又把我当作学者，且也写一些东西，因此才来问我写作的问题，虽然他们未必知道，我所理解的学者其实只是"学习者"。有时候还有人说我文笔漂亮，我也很清楚，他们之所以这么说，只是因为客气，或者只是为了"嫁祸于人"，把工作推给我，再不然，就是不知道文笔漂亮是什么意思，或没见过真正文笔漂亮的作品。

在我认识的人中，周重林的文笔才是漂亮的。

所谓文笔漂亮，说得简单一点，就是写得好。下面我想先说说重林为什么写得好，最后再说说我认为如何写得好，也就是如何提高写作水平。

重林明显有一种独特的能力：对语词的敏感。对此，可以从他谈论"茶文化的好词系统"这样的文章中看出来。另外，重林曾经写过一篇文章，"茶马古道 20 年：从学术概念到文化符号"，很多人以为这只是对一个现象的概括，我觉得更重要的应该是他对"茶马古道"这个语词或者符号更感兴趣才注意到时代的变迁。

这种能力从何而来呢？应该说，这只能是多方面条件综合的结果，而不会是单一因素直接导致的。如果不以天赋为托词而一定要在其中找出最突出的因素，我想可能是庞杂的、大量的阅读：正是在对各种相关或不搭调的文字的阅读中，你才能够发现某种表达、某个语词不同于其他作品。正如张爱玲在自述中所说，读《红楼梦》读得多了，在读某个新的版本时就会觉得某个不同于旧版的词自己跳出来。

然而，"读万卷书"很容易读成书呆子，所以《礼记·学记》说"独学而无友，则孤陋而寡闻"。治这种毛病，最好的方法就是"行万里路"。这种见解（我有意偏离了一点正解、俗解），好像是最先见于明末画家董其昌《画禅室随笔》卷二〇"画诀"中："读万卷书，行万里路，胸中脱去尘浊，自然丘壑内营，立成鄄鄂。"董其昌说的是画，若用于讨论写作，"行万里路"应该是增加阅历以及把书本知识与社会知识、实际知识互相印证并结合起来。实现这一目的的最好方法是游学，去拜访各个地方、各个行业有才能、有修养的人，向他们学习，与他们讨论。读书重要，交游也重要，所以我们看到，历史上有贡献的学者，很少有像康德那样一辈子蜗居一地的例子。

最后，还要有一点"名利之心"。一个人总不想区别他人甚至超越他人，当然就不可能乐于伤精费神地花大力气去创造什么。甘于混迹于流俗就不能形成自己的风格，又没有贡献新的东西，这样写出来的文章能是好文章吗？对此有感觉的人，可以读一读重林的"生命是一场自我表扬"。

以上这四点，可以从这本书的游学、讲义、私聊这些内容中看得出来，也可以从重林此前的文章和著作中看得出来。

不过，这些都还只是泛泛而谈，由于这本书是写茶的，而且上面提到重林所写的文章也不见于本书，所以接下来我再从茶的角度谈一谈这个问题。

茶是不含酒精的饮料，也就是说，除了酒以外，全世界喝茶的人最多。然而，喝茶却是一件非常私人的事情：不说有人喝茶、有人不喝茶，单是怎么喝茶这个问题，大家各有各的喝法、各有各的讲究或不讲究。对此，中国各地、各民族茶俗之丰富已经令人眼花缭乱，再加上国外更多地方与民族的茶俗，那就真是可以叹为观止了。

在这种背景下要写出新意，就要兼顾喝茶这件事的私人性与公共性。在写作上，这个问题表现为茶文化写作的方法问题。

重林的茶文化写作，摇摆于学术研究与文学创作之间。此前重林有"品茶三不点"一文，其实就是中国文人饮茶风尚的一篇简史。这篇文章基于对茶史文献的大量阅读，而专门选取其中关于饮茶风尚的文字，以时间为线索来比较饮茶风尚的观念变迁，既有自己的心得，又论及历史上许多大名鼎鼎的茶人，自然不易落入俗套。他的《民国茶范》一书，就是把这种做法用于晚近历史阅读与写作的成功例子：民国去今不远，名人都是耳熟能详的人物，他们都喝茶，这是公共性；但他们怎么喝茶、喝茶对于他们的学术、人生有着怎样的意义，却不是很多读过大学的人都了解的，这是私人性。

当年我和重林在云南大学茶马古道文化研究所为同事，都对云南的历史文化感兴趣，我正在从唐入宋，希望他可以从清入明，在元代会合。可惜他后来基本放弃了纯粹的研究，专以茶文化写作为本行，如今渐行渐远，很多人都把他当作是一个作家了。

举个例子，对于茶史的阅读和分析，重林"品茶三不点"是一篇有意思的文章，但是有些有趣细节被他放过了。

关于饮茶，张源在《茶录》中说："饮茶以客少为贵，客众则喧，喧则雅趣乏矣。独啜曰神，二客曰胜，三四曰趣，五六曰泛，七八曰施。"其中的"神"字，或作"幽"，这两个字是什么意思，哪一个字为是呢？

张源是明代人，生卒年不详。顾大典题张源《茶录》时说："洞庭张樵海山人，志甘恬澹，性合幽栖，号称隐君子。其隐于山谷间，无所事事，日习诵诸子百家言。每博览之暇，汲泉煮茗，以自愉快，无间寒暑，历三十年，疲精殚思，不究茶之指归不已。故所诸《茶录》，得茶中三味。余乞归十载，夙有茶癖，得君百千言，可谓纤悉具备。其知者以为茶，不知者亦以为茶。山人盍付之剞劂氏，即王濛、卢仝复起，不能易也。"顾大典是明穆宗隆庆二年（1568年）进士，他说"余乞归十载，夙有茶癖，得君百千言"，可知其文大约写于在1595年前后，此时他已得到张源《茶录》一书。又因为他说张源"历三十年，疲精殚思，不究茶之指归不已"而写成《茶录》一书，则张源应该在1565年左右已经事茶。

有了这个时间参照之后，我们再来看另一条材料，华亭（今上海松江）人陈继儒《岩栖幽事》"品茶"条："一人得神，二人得趣，三人得味；六七人，是名施茶。"这段文字与张源《茶录》"饮茶"条非常接近，张源和陈继儒的活动时间又相去不远，想来两个人的文字之间应该有继承关系，或者说当时南方文人在这个问题上的观念比较一致。那么，既然陈继儒作"神"，张源也作"神"而不是作"幽"的可能性就比较大。

如果这一判断成立，当时文人的观念，一个人独自喝茶所追求的就不是不被人打扰的清幽之境，而是为了品味、追求茶的"神"。钱塘（今浙江杭州）人高濂所著《遵生八笺》说："饮茶，一人独啜为上，二人次之，三人又次之，四五六人，是名施茶。"此书刊于明神宗万历十九年（1591 年），其说法与前二说略有区别，但从都把喝茶的人多了就贬低为"施茶"来看，上述判断大致不误。

当然，我遗憾重林越来越成为（或被认为）是一个茶文化作家，并不等于我认为成为一个作家、一个茶文化作家有什么不好。周作人《喝茶》说："喝茶当于瓦屋纸窗下，清泉绿茶，用素雅的陶瓷茶具，同二三人饮，得半日之闲，可抵十年尘梦。喝茶之后，再去继续修各人的胜业，无论为名为利，都无不可，但偶然的片刻优游乃断不可少。"此之谓也。

最后再说说开头提到的事，也就是人家问我的问题。

前些年，几个朋友都问过这样的问题：怎样让低年级小学生不害怕写作文？

这个问题不难。我的答复大致是这样：让孩子每天给家人写一张字条，先不限内容、不限长短，也别管写得是否通顺。然后家长一定要认真答复，表示对他写的事和话感兴趣，和孩子建立起互动关系。这样持续一个月之后，可以要求孩子写自己的生活，比如学校里的经历、感兴趣的事情之类，能多写几句话就多写几句话，也不勉强其长短，然后家长再认真答复，养成和孩子之间用书面语交流的习惯。这样几个月之后，就可以要求孩子每次写一件事情了，但是仍然不要在乎写得是否通顺以及有没有调理，只要告诉他们一点：可以试试不同的写法，看看怎么写能把事情说得更清楚、更有趣，让人想读、读后就像在现场看见一样。

一般都是过了几个月，我就得到了感谢：孩子不怕写作文了，甚至有的孩子还喜欢上写作文了。

这里边的道理其实很简单：第一，至少在汉字文化系统里，书面表达与口头表达是两种东西，要真正做到"我手写我口"，并不是一个简单的技能，把事情说清楚的能力需要反复的训练，而口与手之间的转换就需要长时间的训练；第二，初学写作者最怕的是无话可说，原因主要在于不知道读者是谁，然后就会觉得不知道写什么，而这种练习一来就解决了这个问题；第三，好文章往往都是改出来的，除非你已经是个中好手，所谓文思泉涌、一挥而就的杰作，往往都是事先打了草稿的。

也有朋友一听这些方法就表示怀疑，对此，我的答复都是这样的：请问你写过几次一百字以上的微信或短消息？写清楚事情了吗？不必再发微信或短消息补充、修正了吗？然后他们就不说话了。

这是针对小学生的作文而言的。前两个月，有位大学教授请我推荐一两本提高汉语写作水平的教材，给硕士博士生用，说是他们字词句都还没理顺。

这就有点高看我了，但是又不好随便推脱。如果不论写作方法，重在怎么帮人家理顺字词句，我的建议是可以先要求他们这么做：首先，不准写长句子，例如一个小句不得超过一行，一个整句不得超过两行；其次，最大限度用口语写作，怎么说就怎么写，写好了之后在讨论会上给师生大声念一遍；最后，除了必要的限定词，尽可能不要用形容词。如果每天都这么写的话，坚持两个月就好了。

其中的道理也很简单：句子短了，就容易发现有错；口语化了，就不容易出错；练习惯了，就改好了。

其实写任何东西都要这样，包括你在朋友圈所写的微信，"wechat"正是聊天之意。总的来说，我觉得现在从中小学的作文课到大学里的写作课，往往都是把学生往文学写作上带，结果他们在作文中越来越不会写接地气的话了。高中生的抒情腔调随处可见，就是一个明证。

这些当然不是写出好文章的全部条件，而是基本条件，也就是说，好文章的语词和句子莫不如此（但不排除为了避免雷同和单调而使用一些相反的策略）。更进一步，就是篇章结构的问题了，这个问题更复杂，容后再谈。举例来说，我认为八股文其实是一种很成功的篇章结构方式，回头看看那些痛斥八股文的言论，其实大都没有区分日常写作与文学写作，否则，为什么英语作文所谓的模版，为什么就有用得多？

再说一点，也见于重林的写作之中。上个月陪孩子读汪曾祺《昆明的雨》，之后就此文讲过一次怎么写好作文。我的要点是：一篇好的作文，要么写出和读者有直接关系的内容，要求么写出和你有直接关系的内容，否则就很难写得吸引人。具体怎么写呢？那就像我们之间聊天一样写，但是尽可能不要说重复的话，然后多修改。另外就是多读书，慢慢地就知道怎么写更好了。

你看看，从重林的这本书，是不是可以证明上面讲的这些简单方法的其实很有效？当然，是与不是其实都不太重要，我更在乎的是周作人所谓的"同二三人饮，得半日之闲，可抵十年尘梦"。

杨海潮

2018 年火把节，于大理

目录

私聊

讲义

游学

南昌：善意与茶意

雨后，去拜访南昌西湖区的喜鹊四季茶书馆。

在高德地图上查了下路线，从香格里拉酒店出发，穿过一座桥便是。

为什么选择这里？

馆主齐中国介绍说，这一带目前只有他这一家茶馆。下午齐中国才做了一场分享活动，等着我来喝茶吃饭，好在附近就有不错的客家菜餐馆。

在茶馆里吃饭，就等于是吃了家宴。

"厨师还是书法协会的会员，手上有功夫。"他说。

后来齐中国送的礼物，也是当地最好的毛笔。这大约是期望猫猫练字早日出头。

　　2016 年年末，我打算做茶书馆计划时，在朋友圈做了测试，齐中国第一个报名。那个时候，他连一个店都没有，我呢，就连一份像样的计划书都没有。

　　更可怕的是，我并没有计算出价格门槛。

　　我们在为价值努力的时候，往往会在自以为不起眼的价格上摔跤，有些人也自此一蹶不振，这似乎也是知识分子经商的一大通病。

　　所以齐中国真的改变了我们茶书馆的营运模式，在它可能滑向图书批发市场时，狠狠拉了我一把。

　　很多时候，一件事都是由一个人起步，他找到了第一个人、第二个人，然后改变了一些事情。齐中国让我感到了这种善意，之后，我体会到这里的茶意。这是我一直以来在追寻的东西。

　　而在南昌，最了不起的地方，就是善意与茶意的完美结合。

事实上，4 年前，我初入南昌的时候，就被这种善意感动！

那时，在卫华兄安排下，我们密集走访南昌茶馆，在巧笑盼目、纤纤玉手与红唇白齿之间，感受到茶馆积极向上的力量。那个时候，我才刚刚创业，非常需要这种善意，需要向上与团结的力量。

4 年后，我与张卫华再次走进南昌的茶馆，重访茗茶天香，用的还是那套万寿无疆的粉彩盖碗，喝的还是我记忆中的庐山云雾。雷忆琳还是那么幽默，妹妹还是那么闹。门口的地铁虽然通了，但拥堵还在。记录南昌琐事的《绿书：周重林的茶世界》，就在身后的柜子上。

许多故事，一旦发生，就会按照自己的逻辑演绎下去。像我这样的记录者，只不过是捕获到了一些气息而已。有些气息，跌落在我的茶杯，经过我的身体，再从我的指尖流淌而出。

我是幸运的。

　　接着我们又一起走进陈大华的店里，一起听陈大华讲述创业历程，看着那些坚持了10多年的包装，我们又一次被一些善意打动，那些光亮的部分落在卫华掌心，他接住了。他说，"明天你要是有空，我们开一个讨论会。"

　　于是卫华开始邀约，于是他修改了行程，于是我也修改了行程，于是大家都修改了行程，为了一场毫无准备的沙龙。

　　我记得上一次来南昌，也是毫无准备。后来却有了庐山的中华茶人论坛，有了中华茶馆联盟，有了武夷山的华茶青年会……

　　在饭前，陈大华特意带我去看绿地双塔，66层的高楼让我再次感受到鼓膜强烈的刺痛感，我回想起了从格兰云天酒店，从华邑酒店急速下降的感觉。做茶叶也往往这样，要站到高处，再回到地面。这样才能自由地呼吸吧！

　　第二天一大早，卫华兄带着我来到泊园听雪。

　　我第一眼就看到了华歌，这是一个每年要去云南10多趟收山头茶的江西人，把自己的印记深深烙在云南深山。昨天半夜邀约，他说，"我一定到"。我却忘记为他指路。不过，对于一个天天在深山里转悠的人来说，梅岭确实不够大，也不算迷宫。

我看到了余悦老师，他戴着厚厚的镜片，声音宛如洪钟大吕。他现在经营着两个微刊号，一个谈读书，另一个也是谈读书。他对后学永远鼓励，对茶事时时上心，他包容、谦和。多年前，他表扬茶马古道会是不错的研究方向，多年前，他又夸同事杨海潮论文出色，多年前，他还夸我文采斐然……今年，他又时时给我电话，请教我如何编辑和经营微刊。今天，他握着我的手，与握着别人的手时，一样有力、温暖，我想，在这片土地上，因为有余老师，郁郁葱葱的草木便多了一分灵气，我们今日的沙龙也多了一份底气。

我看到了李晓路老师，这个在茶界大家最想见到的人，身边永远美人如织。今天他身边是程老师与齐老师，她们还是那么像从天上飘下来的，氤氲自眼而出。李老师、齐老师在南昌大学建有茶艺

表演队，学生集学识、颜值、才华于一身，所到之处无不受人热捧，我就曾经为了看他们的茶艺表演，错过了一次航班。

其实，擦亮我们眼睛的，并不一定会是茶，也许是茶艺。

这也是我对茶艺表演有着浓烈兴趣的主因，茶艺以美的形式吸引人。你都不用解释茶是什么，许多人的魂就被仙气勾走。

我还看到了许多人。他们为陈大华而来，为张卫华而来，为茶而来，为一场沙龙而来。

熟与不熟，知与不知，大家都像云南雨后的野生菌，冒出来了。

陈大华在江西耕耘 20 多年，他说江西最有价值的部分是浮梁历史、景德镇历史、徽派历史，他创造性地开发了一个茶类别：婺源皇菊。因为有先贤陈文华先生推广，我很早就品尝过。现在，皇菊自然已经是江西重要的名片。组织华茶青年走进婺源的时候，我就到了陈文华先生经营晓起皇菊的地方。今天我看到陈先生公子陈磊在座，认真地做着记录，一页又一页纸，不免赞叹，果然是名门之后啊。

不少茶界前辈对我说，我们在走陈文华先生的路子，传媒人、学者、商人，想想，还真是。

我忽然意识到一个问题，可能因为这是瓷器（China）之乡的原因，你看这里的人名，又是"中国"啊，又是各种"华"啊。这就是陈大华没有说出的，江西还有比浮梁、景德镇、徽派更重要的，那就是——人。

云南人，对江西其实不陌生。云南各地都有著名的江西会馆，会泽、宁洱，我都去逛，建水著名的张家花园更是出类拔萃。在古六山莽枝，还有一片叫江西湾的茶园。江西人胡先骕是第一个在植物学上命名了普洱茶（C.assamica）的人，两个重要的"C"都与江

南昌大学茶艺表演队

泊园茶村

西有着莫大干系，这就很了不起了。

今天的江西人在茶界做的依旧都是开创性工作，经常出现在我朋友圈的张卫华和他开创的茶人服，以及未来他要做的中华茶礼服，都是独创性地开拓了一大类别：茶服。茶服的出现让汉服、唐装找到新的叙事语境，也开启了一个新生的大服装市场。

在梅岭，张卫华已经建了一个美轮美奂的泊园听雪空间，现在他要筹建一个藏茶书过万册的茶业复兴茶书馆，未来要建一个可以影响世人的超级茶空间。上万册茶书啊，我脑中闪了下，倒不是要多少钱，而是茶书这个类别到底有多少种书？要不是因为我们的努力，茶书大约还是很小很小的类别，在我们的书获得市场认可前，大约只有陆羽的《茶经》、冈仓天心的《茶之书》可以卖得动。当然，老张也买了我们好几千册书了。茶业复兴百万图书销售少不了老张的卓越贡献！

这个精力与才气都过人的家伙，想把琴棋书画诗酒茶一肩挑！

就在梅岭，袁利人已经把林恩茶做得彩旗飘飘，他说："这里只有八面旗，有资格把旗挂在我门口的不多！"我们走过林恩茶厂草坪的时候，顿时觉得自己像是去赴一场伟大的宴会，确实，我们结束了一场从早上10点就开始的会，这个时候，已经是晚上8点。

吃饭的时候，我已经全然不记得这一天说过什么了。拿着筷子的时候，才想起来我是要减肥的。

我们为什么而来，又为什么而去？

宁波、深圳、东莞：温柔的心意

虽说开会大部分时间都是在蹭合影、觅美食、劫好茶，但每次还是抱着去听智慧之音的心态。也进一步确认，自己更喜欢当听众，而不是一个演说者。

这一次，开会地在宁波。

这是我第三次受邀参加海峡两岸暨香港、澳门茶文化高峰论坛，第一次在福建武夷山。在武夷山一个不错的酒店里，我做了主题演讲，谈茶叶江山，谈茶在世间的流转法则，那个时候，参与的人少，一个会场四五百人，学生占去了一大半。第二次在云南普洱，地点是政府行政中心，开会开得很热闹，人也越来越多。这次在宁波，

周重林与许嘉璐先生

会一天就结束了，第二天是雅集。

雅集地在宁波茶文化博物院，院长张生是玉成窑的传承人，我们之前互加过微信，但却没有聊过。他为雅集做了精心准备，请来了许多名家现场为紫砂壶篆刻，比如西泠印社的高式熊先生。会上发了高先生手书的陆羽《茶经》，还发了本《历代咏茶佳句印谱》，我在这方面几乎没有修为，只觉得仅仅依靠线条就能吸引人是极大的功夫，而我，还需要写出来。最近猫猫也在大练书法，未来得请教她多一些了。

参与雅集的大部分是昨日参会的人，许多人在茶界都是名人，比如西安的林治、香港的叶荣枝与吴军捷，还有宁波本地的许多文化名人，比如竺济法父子。倒是许嘉璐先生很感慨，他说雅集这样

深圳净水三千

011

的形式，是国人特有的，应该多多推广。他写了一段话："生活本美，为俗所累。幡然而悟，以雅驱鬼。"

每一年许嘉璐都要写一篇与茶相关的文章，在武夷山论坛，他主讲"中国文化的一体两翼"，谈到儒释道是一体，两只翅膀，一只是茶文化，一只是中医文化。他写那些他在云南茶山获得的灵感，古茶树能够遥遥回应陆羽。在普洱开会那次，他又谈了茶与信仰的关系；在云南，他感受到了许多民族都把茶图腾化。

这一次，他谈了茶文化的三段论。许嘉璐有好的古文功底，全文都是用文言文书写，我还开玩笑说，这样一来，茶界大部分都会傻眼。正如他所觉察到的，茶虽然与传统文化一直相互渗透，但茶人群体的文化修养普遍不高。就茶专家而言，自然科学界人数众多，真正以茶文化为终生研究的人，非常之少。

天一阁石狮

许先生因为《茶叶战争》一书认识我，他在许多场合表达了此书对他的影响。一本书，在不同的人那里，有着不同的理解。

许嘉璐主编的《中国茶文献集成》即将出版，项目执行人李阳泉是我10多年前在《中国青年》的同事，这10年来，我们各自突围，没有想到终在茶界再次相聚。这大约也是茶的魅力，李阳泉一直在做佛教文化推广，他准备把经书里的茶文化解读出一本专著，我很是期待。

宁波是一个文化之都，我们去逛了天一阁，遇到一只很萌的狮子，实在太爱，我便将其拍下来做了我微信的头像。又去翁旭君的大益店，蹭了一顿风味上佳的宁波菜。

晚上在李昔诺的江湖茶馆，我再次感受到了社区茶馆的魅力，昔诺在鼓楼开店六年，朋友遍布大江南北，她刚刚才从云南收茶回来。店里有人聊做菜大法，有人聊旅行见闻，有人给大家把脉，有人谈股市，有人玩吉他……这是我心目中茶馆的样子，总能把各行各业的人召集起来。

我们坐下来，在茶之间，心意变得柔软起来。而在雅俗之间，总有鸿沟，考验我们的是认知，是鉴赏力。

太雅致的地方，会让人不自在，因为人的修为跟不上雅文化，而且大部分雅生活是做出来的。有几个人可以临场赋诗？又有几个人能欣赏那一曲古琴的魅力？又有几个人能发自内心去评价一幅字、一幅画作？好在，这一波雅生活普及运动已经如火如荼展开，国人再次学习传统，场所与场景都提供了无限可能。

我在之后出席东莞茶领袖论坛的时候，也谈到这点，大道理我不知道，但像猫猫这样的人，给了我很多研究动力，她都是两个孩子的妈妈，还报名去学国画、学书法，已经是一个了不起的进步。

猫猫担心自己落后，赶不上小伙伴的步伐。在我们周边，活跃着大群才子佳人。

好在，我要去一个雅致的地方。

王荣福在深圳开了一个净水三千茶会所，就是那种雅致得让人不舒服的地方。我开始感觉到不舒服，一部分与抽烟恶习有关，那里是禁烟的。另一个不舒服，是因为东西太贵，我有些屌丝心态作祟。还记得那些茶，动辄一泡就是成千上万，一把壶，动不动就是百万级……

不过，他有他的想法。不做到极致，吸引不到讲究的人。净水三千第一个茶空间，仅仅装修就花了两年时间，期间装了砸，砸了装，最后落脚到简单极致上面。他领悟到了一个空间并不是要富丽堂皇才好，而是要看里面有什么以及来什么人。

这次，我受邀参加第十二届深圳国际文化产业博览会"净水三千·茶文化产业专项活动"启幕，这是老王潜伏数年打造的成果，净水三千老茶交易平台，把老茶、茶器交易与茶叶教育、茶旅游与茶文化和茶生活融为一体。

我注意到了这些关键的修饰词，"老茶""无尘""干净"与"极致"。香港茶人温建平一直夸老王的财力用到了点子上，湖南农大尚本清教授则表扬了他的茶的卓越品质。我呢？我是来蹭的，每次老王都是好酒好肉好茶好酒店招待，次次美人在侧，只有拼命说好话。

小日子CEO王晴一直与我说，总有人愿意为情怀买单。而许多时候，情怀就是自己做不到，别人做到了，就帮自己实现了价值。这么一说，王荣福就是践行者，他有一个店，就被一个"情怀党"承包过去做接待用。别人做不到，但老王做到了，空间的价值就得以体现。"现在，很赚钱"，老王很开心地对我说。我明白，有人

天一阁

认可，又有钱赚，确实令人开怀。

因为要参加东莞茶博会的"茶界领袖峰会"，我从深圳去了东莞。东莞这次打的口号是"爱茶之都"。

去年，这里还是打着"藏茶之都"的口号，民间说法是东莞藏茶超过了 30 万吨。专注仓储的陈永堂说，2001 年流入东莞的普洱茶只有 1000 吨，到了 2006 年便达到了 10000 吨。

在别人的场子，我第一次与阮殿蓉、邵宛芳、胡皓明等云南茶界名人同台，与他们相识都十年有余，从这些师长身上，我学到太多。云南茶人外出的太少，这是许多人的印象。云南茶人不像福建茶人，几乎遍布任何一处烟火之地。而且，云南茶人在表达上，都略有羞涩。浙江一带的茶人则要好一些，他们总能侃侃而谈。这些年，云南茶大兴，茶人需要努力的还有很多。

　　常常有人与我谈跨界，我说我本身就是从文化界跨到茶界的，恰恰需要植根在茶界，精耕细作。不要说跨界到另一个领域，就是茶界自身都很难。绿茶区、普洱茶区、黑茶区、白茶区，在早些年沟通与交流甚少，专家相互都跨不了界。这些年大约是产业繁荣，活跃多了，才有了诸多想法。但其实，做好一件事不容易。我是每一次都提醒自己，你是一个写字的，千万不要晕头去做茶。

　　小日子参与《中华手工》发起的手艺人的论坛，抵达观澜酒店的时候，刚好黄永松从台湾赶过来，许多粉丝完全不顾黄老舟车劳

雅集

顿，纷纷求合影。第二天，参会路上，一路都有人向他问好。这是一位坚守者的荣誉，也是手艺人的荣誉。《汉声》是多么小众的杂志啊，这看起来就是奇迹。春节前，我也是《汉声》产品的大消费者，那些年画，还贴在墙上呢。

这些年，大陆到台湾学习文创产品者越来越多，得其神者少，抄袭者却有很多。比如自慢堂的茶器，在大陆简直被模仿到无以复加的地步。文创产品背后，都有一个像神一般存在的灵魂人物，我们现在往往忽略了人的价值。商业路径也聚焦在如何大规模复制上。

《中华手工》创刊时，被定义在小众。2006年，我也参与《普洱》创刊，与执行主编蔡运彬多有交流，我们同年，那个时候当主编在全国来说，他算是比较年轻，要做的却是一个古老的行当，难免有些担忧。当时我们并不知道一本小众杂志如何在这个时代里存活，只是聚焦的地方有很多，比如茶、比如茶器。去年，我与王晴去《中华手工》谈合作，与主编白昆鹏交流，才发现这里已经变成一个非常有影响的文创平台。

做好现在的小，才有后来的大。《茶业复兴》与《小日子》APP都是互联网的小众产品，专注小众产品前景在哪里？我这一路寻觅的，大约不是答案，而是寻找驱逐我们内心柔软的另一股力量，那些让我们变得温顺以及柔软的东西在哪里？

多年前，我在大番茄供职，每一本书上，都会印着一句话："旅行怎能没有柔软的心意？"现在，其实还在探寻这份温柔心意。产品怎么能没有温柔心意？

今天下午，我带着周一一去看望木霁弘老师，他是"茶马古道"概念的命名者之一，亦是我们茶马古道文化研究者的灵魂人物之一。正如我在东莞峰会上所言，云南茶产业高速发展，少不了茶马古道的文化背景，就像西湖龙井少不了江南文化一样。在1992年，有木霁弘、陈保亚等人的"茶马古道"，有王明达、张锡禄等人的"马帮文化"，有1993年的"普洱茶国际研讨会"，有1994年张毅的"古六大茶山"，这些都为普洱茶的发展打下了良好的基础。

前人栽树，后人建林。在宁波，与茶史专家陶德臣交流，他说他们写的茶书都卖不掉，而我的却可以大卖。我说，正是因为我站在你们这些巨人的肩膀上。四年前，我在西安法门寺会议上第一次遇到陶德臣，就对他说，他写的论文，只要能找到的，我都读过。文化研究，要有人接棒。云南茶文化在这一方面，确实没有断代过。

今天下午，木老师躺在病榻上，他因为脑溢血，已经几个月说不了话。杨海潮说，语言学家也判断不出他要表达什么，而周一一则是还未学会讲话，只会哇哇大叫。这一老一少，在我面前咿咿呀呀地交流，爱意就在我们之间，午后的炎热也慢慢消退。

北京：安静的力量

宋庄

宋庄东书房，一屋人喝茶。

茶是章文带来的。章文说，茶是糯米香熟普，他很喜欢。

小时候，我也喝过糯米香茶。糯米香熟普，我却是第一次喝。

秋月堂解方老家红河屏边，糯米香茶一度是大宗贸易。糯米香来自"糯米香叶"，是云南的一种野生草本植物，因为香味非常像糯米散发的清香而得名，外表看起来像野生薄荷叶，是中药，有微毒。

数年前，解方说准备再做一批糯米香茶，不知后来为何没有成。

章文的鼓动，于建嵘并不买账。

他只喝普明的茶。他说，茶只有两种，一种是普明的，一种是别人的。

在座数人，都是普明茶的消费者。

普明是一位很奇怪的朋友，在卖另一个朋友邹家驹的茶。

于建嵘抬出一大箱，里面都是邹记迷你小沱茶，已经消耗掉三分之一。

普明人好，我也不是第一次听到。邹记茶不错，我喝了10多年。

许多人都给普明发了好人卡，现在发的是好茶卡。

找对人，找对茶。

普明的茶，来自邹家驹在元阳的茶厂。

"上年，"邹家驹说："走，去看看我的茶园，里面还放羊呢。"

茶里确实有太多情感，我时不时都会想起多年前去拜访邹家驹的场景。

我也会记得与普明在一起大碗喝酒的场景。

这一年，章文开了一个店：章文煮茶。

他去了云南茶山，去拜访茶农，去找自己认可的茶。

惠量小院

惠量小院在雍和宫五道营口里，据说这里的店老板五年内已经换了近九成。

邻居是大妈的时候，惠量在这里。

邻居是大叔的时候，惠量在这里。

邻居性别不明的时候，惠量还在这里。

惠量也换了一批又一批老板娘、小姑娘，到现在老板娘不明，看着谁都像，又看着谁都不像，只有老板还未换。

没有人搞明白老板在干什么。

一个房间在弹琴，另一个房间在打太极。

一个房间在喝茶，另一个房间在练书法。

我进去惠量小院时，有一个貌美的女子在门口边弹琴边唱歌，声音好听得让我忘记炎热。

当然，老板还是那个老板，那个来自金融界，来自世界500强企业，来自汤臣一品办公楼，来自中欧的季烨。

从我认识他那天开始，他就天天在做活动，有时候一周上百场，有时候听众只有一个人。

他的行程我看着就累。

　　上次来云南那天，他早上在北京，中午在昆明，下午在玉溪，晚上到新平。

　　第二天我想约他喝茶的时候，他又飞到武汉还是哪去了。

　　这么忙碌的人，还有朋友，在于他慷慨。

　　他喜欢送东西。今天送自拍神器，明天送《故宫日历》。

　　他就是不送茶。

　　他送的东西，远远比卖的东西多。

　　他说，送东西比卖东西更讲究。

　　他说，活动比产品更有价值。

　　我参加过他许多活动。

　　今天，季烨又给我讲那个无比繁杂的PPT，几年前我看过一个版本，他解释了一番，我懂了一点点。今天这个升级版，他又解释了一番，我又明白了一点点。

到了老舍茶馆，惠量五周年的活动现场，我似乎又明白了一点。

社群经济，讲一夫当关，万夫莫开。

讲勇冠三军，十八路诸侯望风而逃。

季烨与谢晶站在台上的时候，我惭愧得无地自容，相貌、口才、内容，让我八匹马都追不上。不追也有不追的好处，不会气喘吁吁。

当我听到更多呼喊、更多掌声的时候，我就知道。

社群经济还讲究 1 000 个打 1 个。

不谈什么战略、章法，我就是要用 1 000 人打你 1 个。

你看着就懵了，打不过就加入，这也是社群。

烨，光辉灿烂之意。

季烨说，要有光，于是天就亮了。

我赶紧起床会友。

正德茶室

"HX 五道口加速器。"从酒店出来，我一路走一路嘀咕。

安心在微信里反复说，哥哥你大胆跟着导航走啊。

幸好我用的是高德，而不是百度。

陈远导航找不到位置，一路走一路问。

曾健不敢继续往前开车，在五道口，还有如此杂草丛生之地？

我们进来后，都喜欢上这里，一个小院，小院里有一个布置精美的空间。

才 9 点，一楼的一间办公室已经挤满了年轻人，PPT 上写满了梦想。

我才入座，车厘子都未吃完一粒，已经有年轻人来点茶。

一泡普洱茶 68 元，小院里可以送。

点好的早点也有人送到茶室。

安心说，这里主要经营古树普洱茶和古树红茶，许多年轻人很喜欢，有些人下午没事就来这里坐坐。她把一饼茶的价格进行拆分，得到了 68 元这个数字。没有想到，非常受欢迎。

大部分到这里的年轻人，都是被空间吸引了。

他们理解的茶馆，是沉闷的，是价格不透明的，是繁杂的。

这里是明亮的，呈现出来的是美的。

泡茶的女子也是美的。

中午我们在食堂吃饭，菜都是大份，又喝酒又大吃，不到150元。

三瓶水也才5元。

抢着买单的曾健有赚到了一笔的兴奋，他说，在北京那么多年，终于遇到厚道的地方。

2002年，我比陈远早几天到北京。他后来专门找民国老人聊天，出了《燕京大学传》。我说，现在我正在写一本与民国老人喝茶的书。名字暂定《与大师喝茶的日子》。

燕子的家

杨新英约我们去奥林匹克公园溜达，公园大，我们随便走走，就花掉了两个小时。

他说自己不太讲究饮食，对饮茶完全不感冒。

他的老友吴稼祥开了个茶馆，生意不好，汪丁丁常找他喝茶。

有一次他对汪丁丁说，你贡献了我这里一大半营业额。

杨新英约了一个地方吃西餐，群里的海燕问了关于那个地方的几个问题，我们都未在意。

饭后才明白了，就在这里，她有一个茶室。事情巧合得不可思议。

连同舒义夫妇，我们五人，虽以茶的名义相聚，但谈育儿经更多一些。

我给舒义家寄了一套茶、书以及茶器，他们给我寄了一个吸奶器。

年前我们在成都喝茶，诉说生活美好。

年前我到海燕另一个道场赏花。

今天，海燕为我们展示了一本本装帧漂亮的书籍，一些创意很好的文化产品，我对龙鳞装非常感兴趣。

这些年，图书越来越美，也越来越有翻阅感。我常常因为一本书的装帧而买了这本书。

就像许多人，因为茶杯而爱上茶。

老舍茶馆

老舍茶馆是京城重大茶事的活动地，我来这里参加过不下20场活动。

以前政府主导的多，现在个人主导的多。

惠量五周年庆典也选在这里，请了许多人，自发来了许多人，我只认识十多个。大家一介绍，有玩社群的，玩咖啡的，玩摄影的，玩拳的，玩舞蹈的……

一位前些天刚在新浪微博加我的朋友，看到消息，从廊坊赶来，我们尚未来得及正式会面，他就返程了。

一位在我微信收费群里听课的女孩，见面后才发现，她是多么动人的美人儿，打她坐下开始，左右都有男孩子围着她聊天。

那天下午，我听了三十多位英雄讲经。

那天下午，我得知，连 1999 年生的人都来做茶了，那一年，有 99 易昌，99 绿大树……

我第一次感到自己是上了年纪的人。

倒是尹智君大姐，我每次见到她，都发现她又年轻了一大截。

因为喝茶，她越发优雅了。

现在她不怎么管老舍茶馆具体经营,她把精力都放在"小饮茶会"上。

小饮茶会已经是 104 回。

用茶会来打通一切。

茶会，是当下最热门的活动。

惠量的联合发起人谢晶说，他们用计量来表达生活中的喜悦与美好。

他们发起的活动，已经超过 1 000 场。

和静园

去和静园的理由往往只有一个，王琼在这里。

她是那种你看一眼就很难忘记的人。

我周边许多跟我差不多大的男人，咬牙切齿地说，"我要去追王琼"。

人的魅力不分年龄，许多人往往年纪越大，越光彩照人。

我在和静园办过一场《茶叶江山》的沙龙，来了许多文化界的朋友，他们都被王琼惊艳到了。

至少有 5 个男人说，要把自己的老婆送到这里学茶。

今天，舒义那同样美丽得一塌糊涂的老婆也想来学茶。

学习王琼的优雅、安静。

安静是一种力量。

舒义早些年到北京，就住在百子湾一带，他经常到和静园来喝茶。

吸引他的，也是安静。

他爱上茶后，在自己家里弄了茶室，还在北京CBD（商务中心区英文首字母缩写）的办公室也弄了茶室。

我们那天到他办公室，遇到一个认识我的人，是小日子APP的一位用户。

舒义瞬间觉得，做美好生活APP，有着美好的前景啊。

我去新经典的时候，与张卫平抱怨，这么大的文化公司，居然没有一个喝茶的地方。

与小亮在CBD溜达的时候，烈日下转了数圈都找不到一个可以

坐下的地方，只有去小酒吧喝酒。

我们总需要一个地方，坐下来，好好聊天。

难道不是么？

在昆明的时候，与王琼、张卫华一起聊出申时茶的概念，都兴奋不已，就是让人安静地喝一个小时的茶。申时茶现在经过茶馆联盟的推广，已经有了很深远的影响。

那一年，发生了很多事。

日本访茶记

宇治：传统如何创造性转化？

传统如何创造性转化？中国如何首尾相连？

宇治茶与宇治这个地方结合的氛围真是有太多启发人的地方。

这不就是茶叶小镇么？

国家今年公布了不少即将建设的小镇，我喜欢的景迈、易武都在，只是不知何年才有这般规模与人气。导游小王说，许多上海人周末都会来这里度假，这个季节，枫叶可以点燃无数人内心的欲望，非得吃日本料理和喝大碗抹茶才能压制。

上午看了一段茶道表演，服务的是两位 60 岁左右的老太太。属于里千家这一系。看表演是要收费的。这点与国内有很大区别。在

我的印象里，好像国内也无单看茶艺表演的地方。许多公司的茶艺表演免费看，但目的是为了卖茶。但茶道在日本，是一种纯粹的艺术。

日本茶道是宋明理学日常化的一个例子。

陆九渊说，人各有所长，就其所长而成就之，亦是一事。他还说，棋所以长吾之精神，琴所以养吾之德性。艺即是道，道即是艺，岂惟二物？

可惜陆九渊的后人们，今天还在纠缠于道与艺，像打怪升级一样，要求他们的跟随者由艺臻道，想想殊为可笑。

出了门，我在那个有些年头的洗手台前发愣，我来自一个讲究革新的国度，而这里，似乎更在意凝结。

茶道时间是提前预约的，我们还预约了参观为这家茶道艺术馆提供抹茶的工厂。参观工厂要预约，也要付费。这更是与我所在的茶区不一样了。

我们去的这家工厂在当地颇有名，叫小山园。工厂导游是位台湾妹，放的视频全程中文解说。看来到这里的中国人不少，与我们一起参观的还有来自台湾的同胞。我们对这些机械毫无兴趣，因为国内比这里的实在先进太多，也光鲜太多。

那么，我们有兴趣的是，石磨。抹茶环节里有很讲究的石磨。核心机密也是石磨的刻度与转动频率。此处抹茶好与不好，都与石磨有关。有些熟悉不是么？普洱茶也有石磨呀。其实抹茶石磨与过去中国农村日常生活里常见的石磨一样。按照现在的科技，完全可以找到比这个更好的，但这又是一个古老的工具，不是么？

评茶台设计在一光线极好之处，墙面都刷成了黑色。焦点全在白色审评杯上。

日本人花了很多时间来研究如何降低茶的苦涩。他们发现利用大棚遮挡种植十分有效。有位台湾朋友在，他说这是来自云南森林茶园的启发。嗯，他们不知道我们是云南人。其实这种种植方式有个学名，叫啥，我一时想不起来。

他们研发了许多机器。

他们研究了抹茶的消耗形式。

日本抹茶在中国，一年的消费在 1 800 多吨。主要在冰淇淋、饼干、蛋糕等食品上。

在日本，与抹茶相关的食品更是无处不在。

饭后，我们又去参观一家将军御用茶店——上林三入家。

去年，小黑来过，结交了其第 17 代传人。小伙子今天也在店上，用中文跟我们打招呼。

小黑很挂念去年吃过的一家面馆的面，小伙子看了一眼他写的

招牌名，说关门了。

你觉得好的，别人却未必觉得如此。

在二楼，第 16 代的主人为我们介绍了这家店铺传奇般的历史。这是我们在中国企业很少见到的。最好的位置，是为历史预留的。

《新周刊》2015 年某期介绍过这家店，说主人不抽烟不喝酒只爱茶，我看了觉得好笑。但他们真的很看重中国，儿子学汉语，学中国茶文化，已经传承了数百年的抹茶习惯会变革么？谁也没有底啊。没想到中国真的再次崛起了，有备无患。

得知我也是一位写作者时，主人很激动。他从《民国茶范》里的照片认出了老京都，他拉我来到一幅画前，那是同一个时代的京都。上午，送《茶叶边疆》给日本茶人，当王导指着里面的一张照片告诉她这是世界上比较老的古茶树的时候，老太太立马挺直身子，说一定要去看看。比时也是一样，主人拉着我们合影。朋友说，日本人比较敬重有文化的人。

二楼是免费参观的，一楼生意非常好。他们雇佣了好几个外国人打工。我发了微信，好多人问，他们家还招人吗？

我们有更先进的机器，更完备的生产线，我们有八九十岁还可以上树的老太太，但我们没有六十多岁的老太太来传递茶的气息，没有五十多岁的茶主人讲述茶的荣光，没有二十多岁的第17代茶人。真的很惭愧，在城里讲茶道，我们才起步。

我们出访的几位，马拉松爱好者一龙兄是对吃喝最讲究的，他的名言就是，连吃都不重视，都安排不好，其他事情也做不好。

现在不是说着要过美好的生活么？

那就从喝茶这里开始吧。

京都：茶的颜色

漫步京都小巷，偶遇石塀小路。

这是一个黑白灰为主色的地方。夺目色彩全赖桌面鲜花、枫叶与人着和服。

小黑问，你有没有觉得这像是行走在云南茶山。确实，那里也有无处不在的石屏人家，也有衣着色彩艳丽的傣家姑娘。

从熟悉处着手，在陌生处发现异同，本就是生活与学问之道啊。

看懂了"吃茶"两字，殊不知，进去才了解，在日本"吃茶处"是咖啡弥漫的地方啊。一龙说，在这么举目皆景的地方，不喝茶太遗憾了啊。在我们的请求下，满头银发的妈妈桑许可了我们的请求。可是她说，这里没有泡中国茶的工具呀。

得知我们有随身携带的盖碗后，她为我们拼桌、烧水、递杯。

到日本后的这两夜，宾馆房间太小，摆得出盖碗，却支持不了大家围坐，一抬手就有人受伤。今天我们刚摆设好，隔壁桌的人也被吸引过来，问："这就是普洱茶么？"在这般雅致的环境里，喝着小黑、石头随身携带的倚邦细叶茶，多么不易！

窗外细雨撩人，杯中热茶暖心。

即便是主营咖啡的人，也知晓茶是从中国传过去的。妈妈桑要了一杯普洱茶，"'花香'是自然的么？"她问。

我们对日本茶并不关心，抹茶对我们毫无吸引力。在日本喝工夫茶难，在于室内空间普遍小，宾馆尤其如此，到饭店也不见得有稍微可以腾挪的地方。赴日，茶爱好者需要自带紫砂壶与盖碗，因为你就是想买，也买不到。

上午逛清水寺，在清水烧卖场所见，多为铁、银与铜等用具。釜与壶是日本茶道的核心用具，故随处可见。普洱茶大热，日本铁壶随之在国内兴起，十多年前，我们出门，需要随身携带铁壶一把，盖因他地无此物。就在这十年间，日式铁壶在国内几乎一店一把，当然，这也与国内厂家大量仿造有关。

除了烧水工具，茶杯、茶托、公道杯等也品类繁杂，个人认为日本漆器是一绝，铁壶也非常了得，只是陶器、瓷器还是国内强，茶托之类的又比国内好。

小黑随身带着京都开化堂的储茶小罐，他一年前访日时买的，现在己经变色，包浆后的小茶罐更加古朴。用变色的茶罐装着一直在变化的茶，真是煞费苦心，又妙绝。作为对友谊的见证，他送了我与一龙各一个。嗯，小贵哦。蒙恩。

开化堂老板此时人在上海，这几年中国涌入大量游客，让他看到了一个广袤的市场。老板之前从方所带回一本书，我才想起来，华中科技大学出版社出版的《茶之书》，是我写的序，做导读的老师是不是就是这位周华诚老师呢？如果是，真是太有缘分了。

跑了几天下来，发现一个事实，日本人对写作的人很尊重，也看重中国的推荐，被中国推荐过的店，他们会把中文报道放在显著位置。国内有人赴日本学茶道、花道，日本也有大量的人在学中文，学如何喝中国茶。"要是能为那么多中国人泡工夫茶，也是美事啊。"

茶本来就来自中国，他们一直都密切关注中国的变化。

东京：云南茶聚

小黑在京都就嚷着要吃日本料理，但他喜欢的那家根本就订不到座位。上次他来只需要排到两周后，这次来则需要排到三个月后了。我们开玩笑说，一个地方，但凡被中国吃货盯上了，一定会被吃得山穷水尽。其实排队也是谢客的一种。餐桌有限。

晚上是一龙在东京的同学王建伟请客，他带着我们穿过大街小巷，导航地图从高德换百度再换苹果最后用了谷歌，两个导航的人分别走不同方向反复测试，终于找到了吃怀石料理的地方。

怀石料理是典型的慢吃，又少。要了杯在国内买不到的山崎威士忌，可是发现下酒菜实在有些……可是吃料理就是这样啊，建伟说："不是我们吃不饱，日本人也吃不饱，就是吃个感觉。出了料理店，大家各自去吃碗面。"

出了料理店，我们没有去面馆，而是去了一家中餐馆。东北小妹把我们迎进包房，热乎乎的东北话已经让寒冷消除了大半，等烫乎乎的开水端进来，一杯"蛮润"下肚后，整个人都精神起来了。刚才在料理馆喝的是绿茶，建伟抿了一小口就扒到一边。看来今天不喝够茶不罢休。

建伟告诉我们，他朋友太太在坐月子，当地医生开的药方里，居然有普洱熟茶。在日本，医生说的话大家都信，可是他发现，没有一家普洱茶企业在日本做大。他建议我们多与医疗机构合作，肯定有大市场。小黑接着就拿出了一饼"503"……

建伟兄对普洱茶与白茶非常了解，与我熟悉的多家企业都有合作。三四个小时下来，基本可以确定他是一位古茶树爱好者、日本老铁壶收藏者、尺八研习者，还有重庆妹子深度爱恋……这几点，与我高度重合，所以大家又很开心地继续喝了倚邦猫耳朵，十年革登茶。

这一夜，过得异常缓慢。茶与酒，两生花，我果然一进门就像被棍棒击晕一样，倒头就睡。

我在东京街头发现，满街都是人。这是其他城市不可多见的景观。有人流，自然零售业就发达，自然还有其他种种好处，比如人瘦，日常商业美学发达。当然，我要讨论的是，在街头的年轻人多，我就纳闷老人去哪了？

一种答案是，在旅行。确实，我们去的两个地方，都以老年人居多。

在田山纪念馆，老头老太太认真听讲解员讲丰臣秀吉与千利休的故事，有一位老太太，始终拿着手巾在揩眼泪。在东京国立博物馆，也遇到许多闲逛的老人。在田山，我在想，为什么云南连一个像样的茶主题博物馆都没有？大人物的东西，其实这里并不多，但有一两件，就足够了，围绕收藏品的文创产品做得很不错，我们买了许

多书、扇子以及漆器。

另一个是环境。我们去的这两个地方，一步一景，在任何一个角落，从任何一个角度，都有发现。

在这里不需要有发现美的眼睛，而是你有没有回应美的能力。

田山馆有一幅字：常识是茶。署名"钝翁"，想必又是一位宋明理学的拥趸，在日本肯定是大茶人，只是我们不知道而已。

一龙看完很有感慨，写了一段话：

今日东京，访田山纪念馆。1. 茶器拙朴，釉色渲染着日本人对器物的自然观。2. 庭院里红枫叶观照天人合一，如同梅里雪山雨崩某处记忆中的景。3. 书画、漆器、扇子都细致入微，仿佛回到汉唐文化的上空。4. 通过这些物的透镜，我对中国当下的茶与艺术将展开建构与发展，找到燃点。

一龙是诗人，是茶痴。他格物，我致知，我就草写了首诗送他。

一颗树有什么好看？

落叶有什么好捡？

可是，风在吹，雨在下，有些东西在凋零

不愿意变成尘埃的，长成庄严法相

不愿意苟且的，站在树下沉思

那些看风景的人，已经变成风景的一部分

那些曾经遮风挡雨之物，成了另一个世界的追逐

掌中玩物，一样的时代风华，一样的风吹起浪

那把森森泛光的弯刀啊书写过骇人听闻的故事

那个破相十足的茶碗是十万数人的供奉

那把骨干十足的扇子明天就会在心上人手中

你看见

他们走进地铁走进商场

他们从街头冒出来从电梯走出来

他们渡船而来他们乘风而来他们幻化而来

他包里背着18种茶

任咸湿的海水从指间淌过

今天，你在为谁招魂？

听说东京有海底捞，我们决定去看看。华夏帝国的饮食，我

们偏重饮，但食也很重要。一龙是资深的火锅爱好者，三江水五湖人都可以在锅前热闹，没毛病。饭后，建伟兄邀约去他公司喝茶。

我们到达约会地点的时候，王建伟正大包小包拎着东西走过来。几大壶水，全套泡茶用具。一入座，水就惨遭一龙与小黑嫌弃："依云水不行，泡茶绝对不行！"王建伟一脸懵："哥还多走了几条街，以为这水好。"好在还有2瓶日本本地的矿泉水，泡了泡，不错。我们在喝着茶的时候，一龙又悄悄出去买了一箱水回来，我还以为他出去抽烟了。

建伟从家里带来了刮风寨古树茶，我们喝了直摇头。小黑带的猫耳朵却是大大出彩，比我们在昆明喝时还有感觉。当然，一龙带的王先号的革登茶也是比较惊艳。我是喝百家茶的人，包包里带了五正熟茶、山青花燃的几款样品以及郑少烘总送的易道。

东京有花花世界不去撩，一群人猫在写字楼斗茶，确实"大煞风景"。

晚上我睡觉前看到石一龙的"品茶记"，觉得实在好。

品茶记。东京池袋4—27—5。

1.W君的2016易武春茶，前三四水顺，细腻度不强，回甘生津不至喉。判断是易武古树茶，山头不详。

2. 李加昊女同学的老班章村53香梭家17春老班章。显毫。每一泡满口天地苍劲有力，尽显普洱王者风范，无愧于班章皇称号。

3. 吉普号503熟茶，刚刚获得广东秋季茶博会金奖。503甜润滑，生津。茶底干净。元工艺发酵的创新在于离地发酵，活性高，无堆味。

4.2005年王先号革登茶，第一泡即冲击口腔，张力迅稳，韵味足，喉韵明显，满口生津，妙不可言！

这是与才子出行的好处。一龙的字、小黑的照片，以及他们的茶。

下一次，我们会在哪里遇到？

回宾馆路上，我忽然想起来，我小时候，超级迷恋《东京爱情故事》，今天，街头还有他们的气息么？

深圳：茶里的市民精神

出门带了《二程集》。

无意间成了福柯意义上的知识分子，但转眼就变成了柏林口中的"刺猬"，小世界里只剩下茶。

深圳老王是对王荣福的特别称谓。

王就是大气，尽管每个时代的呈现方式不同。

在我眼中，见老王就是喝好茶，谈美事。因为有香茗，一切便不俗。

喝老麻黑，老 7542，老老班章。

他好的我未必喜欢，我喜欢的他未必有。但今天满载而归，我第一次主动要了一饼茶。喝起来，茶气满身走。适合我这样跑江湖的人，秒镇小白。

他有百万铁壶，我未见。他有唯一的一把金壶，我未见。他有百年古董茶，我未喝。

我看到自己的书。看到亲民的茶。看到老王的经营从会所模式走向大众模式。

在壹方城，他的茶店对面就是小罐茶。

小罐茶老板杜国楹是长江商学院毕业的，老王是中欧商学院毕业的。

所以我觉得这是中欧与长江的一次对决。

我觉得我应该请他们撮一顿。

与包义成兄去稻香村吃早茶。

大厅里黑压压全是人。

我对菜单上的茶分类非常有兴趣。

铁观音类有：   武夷岩茶有：

迷香铁观音   奇丹水仙

炭烧铁观音   果香肉桂

正味王中王   大红袍

高山茶类有：   普洱类有：

兰贵人   越陈越香

洞顶乌龙   宫廷普洱

                                            古树茶砖

                                          百年生饼

我研究了半天，到底依据什么分类，完全不明白。下次，要请教下茶分类的师傅。

　　我要探寻的是，为什么香港、深圳与广州这三个超级城市会连片出现？

　　他们喝早茶，培养了市民精神。

　　他们喝奶茶，培养了商业氛围。

　　他们喝功夫茶，培养了消费场景。

　　你在意什么，什么就会出现。

　　何作如先生对饮食有着超乎寻常的敬畏。

　　他夹走餐桌上最后一块肉，吃完最后一根青菜，把最后一滴1988年的茅台酒倒进饭碗里，和米饭吃下。他随身带着饮酒的杯子以及分酒器。

　　从茶山上下来20多天，他便大吃了20多天。他说消化全靠好酒与好茶。饭前，他安排的是古法制作的易武茶。饭后，他安排的是红铁。

不专注于吃喝，那么多的好东西怎么办？

为了践行何作如的饮食观，我第二天中午又与他大吃大喝了一顿。

十年前，我的好友太俊林便在践行何氏泡茶法。

何氏的慷慨让许多人可以触及普洱茶最大的时间法则，而他的乐善好施又让许多人得以做自己喜欢的事情，尊他为师的人到处可见。

一碗茶汤见真情。

到深圳茶博会吉普号展位签售书。

2012 年，在广州茶马司展位上签《茶叶战争》；

2013 年，我在北京已经消失了的《问道中国茶》展位上；

2014 年，我在广州茶博会上特装的茶业复兴展位上签《茶叶江山》；

2015 年，在广州斗记展位上签《云南茶生活百科全书》；

2016 年，在深圳茶博会宋聘号展位上签《民国茶范》；

2017 年，签的是《茶叶边疆》。

一年一本书，2018 年我们计划要出至少 8 本书。

我开创了图书联合发行人的模式，现在有大群人跟随其后。

他们不明白的是，我是一个才子，他们不是。

晚上在不二空间，我再次重申了茶文化对这个产业的深远影响。

我一直相信，茶文化本身就很赚钱，为什么要去做茶？

茶业复兴的使命：整理有史以来的茶文化以及向后世呈现当下的茶文化，重塑茶的世界观与方法论。

我自己的呢？我希望可以成为像冈仓天心那样的人。

毕竟，向世界发声，我已经走出了至关重要的一步。

感谢陈俏，《茶叶战争》德语版落户柏林。

香港：大隐隐于大都市

去香港，拜访隐士。

上列车，一站而下。

吴军捷先生在站前等候。

他带我去吃鱼。

鱼塘紧挨着深圳，水可能还是从深圳流淌过来的。

我们绕着鱼塘四处走走，风很大，鱼很鲜。

从这里看深圳，很别致。

那些年，与吴军捷在普洱，在昆明，在丽江，在庐山，在北京，在厦门⋯⋯

在许多地方聚会，为茶，为人。

也为别的。

今天，我们相约在这里吃鱼。

一墙之隔，就有很大的不同。

而一碗鱼的味道与一碗茶的味道，却可能是相同的。

新朝阳广场，32楼的新星茶庄，是世界上为数不多的都市高层茶馆。

杨慧章父子在这里实践出茶的可能性与想象力。

2007年我在这里采访卢铸勋先生，这几天卢先生刚刚过了91岁生日。

杨先生关心茶山的变化，我关心销区的变化。

我们坐在那里，喝着96年的紫大益，说着世道人心。

入住的南洋酒店，就在附近。附近还有诚品书店。不同的人在这里拍下自己看到的《茶叶战争》给我，当然，还有最新上市的书。《民国茶范》华中科技大学出版社出版时的全名是《民国茶范：与大师喝茶的日子》，台北联经版的名字却是《民国茶范：张爱玲、胡适、鲁迅、梁实秋、巴金……与他们喝茶的小日子》，超级长啊……

大陆流行大师，台湾风靡小日子，这一大一小非常有意思。人物排序也是，我们的排序是出稿的先后顺序，他们估计考虑的是在台湾的名气。

铜锣湾的诚品书店有3层，台北联经版的《民国茶范》刚到2天，售出20多本。《茶叶战争》远流版已经断货很久。书摆放的位置很好，是作家签售活动区，直接把蒋勋老师的书逼向《金瓶梅》，后面是一群如花似玉捧着书的姑娘。

为《民国茶范》作序的吴德亮老师说，预售了1000多本。他表扬我的文笔了得,邀请我去台北过过小日子。嗯,要去看看。

大师与你一样,爱喝茶。

你与大师一样,好读书。

我购买了汉娜·阿伦特的《黑暗时代群像》以及 Gray Gutting 的《福柯》。

唐德刚著作以及高阳著作,只能下次。

我在诚品看书 3 小时,直到打烊。

第二天继续在港访隐士。

陈文怀先生 80 多岁,依旧神采奕奕。他一人串联出一部茶叶近代史。当世之人,与陈椽先生、庄晚芳先生、吴觉农先生一起出过书的,只有陈先生了。

若干年前,拜读过陈先生的《茶的品饮艺术》以及《港台茶事》,他积极把茶从小众推向大众,把大陆的茶文化带到香港、台湾,影响了很多人。陈先生不仅是"西湖龙井"的十大功勋人物,还是普洱茶进入"十大名茶"的提出者,也是中国茶叶科学所的创始人之一。

1960 年,他来到云南,上南糯山看那棵 800 年的古茶树。照片里,先生意气风发。

今天,他送我一本《茶树扦插原理与实践》,出版时间是 1979 年 3 月。那个时候,我尚未出生。他带我们去吃地道的粤式午茶,漫长的排队与等待,这就是周末港人酒楼的特色。茶单与我在深圳看到的一样,完全看不懂分类的依据。

知晓陈先生,同样因为阅读。我追寻"中国十大名茶"出处,尤其是普洱茶何时进入"十大名茶"的时候,遍寻无果。在陈椽先生主编的《中国名茶研究选集》以及庄晚芳先生领衔的《中国名茶》里,都没有"十大名茶"这种提法,但我注意到这两本书都有一位

栗强、周重林、陈文怀在香港茶楼吃午茶

共同的作者——陈文怀，于是好奇下就找了找他的资料，却发现他在港台出过不少作品，于是买了一本《茶的品饮艺术》回来。啊，皇天不负有心人啊，这里赫然列着十大名茶。

今年9月18号，微信上有一位叫陈文怀的人加我，我很惊讶，又很激动，他正是我慕名已久的陈先生。

念念不忘，必有回响。

后来陈先生出了新作品，寄给我；又送我书法作品。

想着要是有一个他的口述史，那会有多精彩？

换乘了好几路地铁去看吴树荣先生，看到他的时候，他还带着云南茶山买回来的草帽，还穿着在大渡岗买的解放鞋，还散发着陈年五粮液的酒味……上一次我们见面，是2009年，在宁洱永年茶厂，

053

他也是这般打扮，我们喝着酒，聊着普洱茶，说着钱穆的学问。

今天，在他的茶仓，他说起某人的领带以及皮鞋，说是讲究之人。满屋子的书，有一些是在大陆买的，有些在英国，有些在加拿大，更多的在香港，拆开上架的有很多，没有拆开的更多。他说男人买书，就像女人买包包。他翻了翻丘吉尔的一本发黄的书，说写得真好。

丘吉尔用语言照亮过世间。

后来，我们喝茶，六安茶。上次来香港，第一口喝的茶也是六安茶，在新星茶行。六安茶最有名的是瓜片，但这里似乎是黑茶。我不太明白其中的奥妙。接着我们喝2010年的易昌号小饼。还有太俊林做的名人饼。我们都想念小太，所以多喝了几口。

边喝茶，边说到儒家，有些失望。在这里，旧东西，随处都在，他说1985年去台北卖普洱茶，找不到10个人喝。那几个喝懂了普洱茶的人，现在已经名满天下。我想起2004年要出书，昆明也找不出10个可以聊茶的人。他问，我们做茶为了什么？那些年，他随手写的普洱茶文章，都被人反复阅读，传颂至经典。但他不在意这些。

是的，他很少说茶。他有显赫的家世，他有很精道的普洱茶理论，但他很少说茶。今天，已经是他说得最多的一次。

在回宾馆的路上，他说看了《民国茶范》部分章节，细节甚好。约我下次相见。

吴先生是最早提出普洱茶干仓与湿仓分类的，也是熟茶与生茶的提出者。他一个人影响了台湾与香港的普洱茶发展，是普洱茶界最大的隐士。

周童从深圳过来约了去元创方看看。我看了下，从南洋酒店徒步出发，沿途正好逛逛，大约3个小时可以抵达目的地。

于是一路逢茶店必入，逢书店必入。英记茶行果然是香港最大的茶店，记得卢铸勋先生学茶就是在澳门的英记茶行。茶店普洱茶占了很大比重。

在三联书店，居然发现《绿书：周重林的茶世界》，实在有些意外。香港商务馆出了本《茶的世界史》，不知为何，大陆版居然没有出。翻了翻，挺好。

一路看到很多茶餐厅以及茶汤会，2004年，香港人选自己珍爱的百大品牌，"茶餐厅"高居榜首。昨天中午与陈文怀先生、栗强先生去吃午茶，排队20多分钟，喝茶，吃虾皇饺、叉烧包，大部分茶餐厅都是这些食品。

香港茶楼酒楼的茶消费模式我非常有兴趣，有空了要把热门地都吃一遍。

元创方是孙中山读过书的地方，这就了不得。还有很多名人，我也一下没有记住，后来这里是结婚警察的宿舍，现在改成了创意区。我们吃午餐的地方，更像猫主题馆，猫书占据了书架，但这里似乎不见有猫。

周童在深圳做惠中布衣，给我带来一件白色斗篷以及布衣背包。这一年，我家包包成灾，大约是我上一个包包破烂得过于明显。可是我的衣服也很破啊，都穿了十年了……在两栋宿舍楼逛了逛，喜欢一件衣服，喜欢一副眼镜，喜欢一双皮鞋，以前没有发现自己那么爱买东西，最近有点想买东西。

也许是受开店的影响，反正就问人家房租什么的，好想来这里开一个店，欧阳应霁在这有一个味道图书馆，就没有看到开门。要是我们开一个茶书馆，多好。紫陶已经是文创的重灾区了，但茶似乎一直还在产品模式上打转。

　　晚上在铺记吃饭，把紫色围巾落那儿了，好惆怅。明天到了杭州，不是要减色不少？

江南喝茶记

到杭州已经接近晚上 11 点，裴小军携美人一起吃 KFC，想起明天要参观阿里，觉得真是应景极了。马云买下 KFC 的时候，民间已经把肯德基称为"开封菜"。小军在做一个识别植物的 APP，我以前也想做一个，因为带着周一一出门，沿途植物完全不认识，孩子好失望，自己好失落。

这是一个博物学全面回归的年代，也是知识易达年代，想必做这个项目，有好的前程。

为什么选择来杭州，他说，因为有阿里在。

第二天参观阿里巴巴。然后去太极禅苑参加货郎普洱发布会。太极禅苑是马云与李连杰成立的公司，主要做中国传统文化的生意。前些天流行马云在《功守道》的同款戏服，这里就可以订制。

从阿里巴巴到太极禅苑，从阿里云到马云，个性越来越鲜明。

阿里是数据堆砌，禅苑是马云牌打底。

阿里要改变世界，禅苑不愿被世界改变。

阿里告诉你世界是什么样子，禅苑告诉你中国是什么样子。

小薇带领才者与太极禅苑合作，是在正确的时间做了正确的事情。

也许是马云与李连杰的吸引力太大，许多人的问题变成了：为什么被选中的会是他们？其实我总是遇到这样的问题，为什么是我们，而不是别人来承担中国符号的输出？

　　今天主讲人是陈伟,他是马云的助理。口才极好,有许多马云的段子,真伪莫辨。这都不重要。

　　重要的是置身于马云的地盘。

　　重要的是这是马云的生意。

　　重要的是大家在与马云做生意。

　　所以,货郎普洱卖得很好。

　　晚上在宋聘茶书院喝茶,为了一杯茶,施继泉布置了一个大空间。我每一次出书,继泉兄都会举牌大肆购置,有时候会多达数千册。他一直是道士打扮,又弹得一手好琴,所以我常常困惑。

　　今天一起吃茶的清民兄送我一本与太太桂芬的生活感悟册子,真是太好了。我最需要学习学习夫妻相处之道,看到相敬如宾的,以前都不好意思开口请教。

施道长为我们泡了一泡来自易武的薄荷塘普洱茶，再来一泡宋聘号的"世外"普洱茶，这一夜冷得有些美好。

茶都杭州，茶无处不在。

去上海大宁茶城闻一炷香，喝一泡茶，赏一块玉，见一个人。

此人便是杨尚燃。

这一年，普洱茶发生了太多事情，"32万老班章"已经成为杨尚燃行走江湖的标签，今天我要找他谈谈未来的茶，未来也许就是下一年，我很期待"二十四节气茶会"落地。

我一直有一个想法，把传统在茶里生活化，再把生活节气化。日常一杯茶，让我们记得住古老的节气；而日常一杯茶，也因为节日变得有仪式感。我希望有一个可以与茶业复兴合作的机会来完成这一宏伟愿望。

我与老杨喝了一泡"品位布朗"，他听完我描述的场景，马上就说，这事必须我们一起完成。

走出茶店，天高云淡，是一个好日子。

在上海法莱德酒店15楼，聂怀宇、胡杰允许我招募一个茶局。

肖坤冰博士因为研究茶而到了上海纽约大学，舒义因为爱茶而选择投资我，想想，生活真是美好。

福柯说，生活和工作中最大的乐趣在于成为别人，成为你起初不是的那个人。

他还说，通过写作来摆脱自我。

年前，我还看过另外一段话：

我们所有的努力都是为了摆脱别人的期望，成为自己。

台北访茶记

2018年1月10日：在"串门子"串门子

最先欢迎我们入台的是《台湾大哥大》移动网络。

看到这个名字的时候，大家相视而笑。

司机一面提醒我们系好安全带，一面说着台北的变化。

选择这条道路进入台北，会觉得台北破旧。因为恰好是航道，不允许建高楼。他让我们看对面的新北市，一河之隔，全是摩天大楼。

今天不塞车，是因为欧美来的航班由于暴风雪都取消，机场一下子少了四万人。他等了好久。

李钰

当然，他说，台北不比上海、北京这些大城市。

他疑惑，昆明也冷？前天来了一位云南的，说昆明阳光明媚。

西门町当然很繁华，他建议我们多感受。

车费 1200 台币。

钰姐刚离开，红菱阁饭店的前台告诉我们。

房间有 20 世纪的气息，只是没有想到是两张大床房。猫猫说，终于可以分开睡了。

吃饭的地方在丰盛食堂，台湾料理，一路上都是小吃，舍不得吃饱。

饭后，钰姐当向导，介绍丽水街与永康街的特色店。

一家奶茶店、一家古董店……我想她一定来过很多次，买过很多东西。

需要慢慢感受，她说。

走着走着，我们来到串门子茶馆。

"串门子"，看到这几个字的时候，我心里一紧一暖。我在昆明20年，最难受的就是不能串门。而回到老家最大的乐趣就是四处串门。

茶是一个串门的好法子。

我建议猫猫在家做一个邀约邻居喝茶的茶会，就是让大家有一个串门的机会。老小区的老人可以约着一起跳广场舞、搓麻将，年轻人也可以基于费洛蒙的需要有敲门冲动，但像我们这样的中年人，纯粹基于认识的社交恐怕越来越少。所以，喝茶也许真不错……

这是社区茶馆的精妙所在啊。

果然，串门子主人沈俍宜先生说，喝茶就是为了放松。《兰亭集序》为什么写得好？好到作者自己都无法复盘？就是因为放松。他开心，喝了酒，没有想其他事。

我有了这个地方后，就建了"曲水流觞"喝茶也可以放松。我们需要放松下来，才可以做好事，才可以写出不朽文章。

7个席，每席6人，刚好42位，就是当年参加兰亭曲水流觞的人数。永和九年成了一个非常特别的年份，因为有兰亭雅集。

沈先生说现在许多茶会搞得太正式，不能让人放松。当他听说我们的沙龙做到110多期时，很是吃惊。我回答他，就是轻松法门。

曲水流觞

　　茶业复兴即将开始一些主题茶会，比如二十四节气茶会，琴棋书画诗酒茶雅生活茶会，十二星座茶会。

　　当你寻找传统的时候，有更深的传统在等你。

　　变化在发生。

　　沈佬宜先生这些年去大陆帮忙设计了不少曲水流觞茶空间，有些我还去过。

　　现在，曲水流觞已经是深圳茶博会的主打茶会了。

　　创造美，需要有人回应。

　　我们除了认识一些共同的人，喝过共同的茶，读过相同的书外，今天还用了相同的手机壳。

　　当然，都是"山青花燃"的。钰姐说，是因为广告打得不那么明显？

我们摇头。是因为顺眼，好看。换下了，又换回来。不然，七八个人各有所属，诱惑又多，不会这么持久……

蓝色是今天的主色。

做设计的沈先生说，蓝色最近些年有上升趋势，快赶上黑白灰了。

接着，我们又喝了鸡尾酒风格的乌龙茶以及花茶。

主色依旧是蓝色。

就像我们在"曲水流觞"感受到的那样。

茶酒在唐代开始分离。

现在又开始融合。

仿古的酒器在许多地方用来做茶器。

我想我的《茶与酒，两生花》要再版了，也许是要绝版了。

许多书，我没有太多的要求。

书与人，各有各的命运。

晚上回宾馆。头疼。

在夜宵店，喝着猪肝汤吃了两包头痛粉。

走在西门町，你会嫌弃台北落后。

走在永康与丽水街，你才会发现落后的魅力。

回到酒店，想起沈先生说，这是他早年设计的作品。

1月11日：见识大师小居、台北食意

早上钰姐约我们去吃早点。她特别推荐了昆明街上的豆浆油条。

于是我们昨天从昆明来到台北，今天坐在台北昆明街吃豆浆油条。路上经过山青花燃茶业公司在台北的分公司，就在酒店附近。经过黔园的时候，她说菜已经没有贵州风味了。

大约是厨子很多年没有回到故乡了吧！
在距离故乡最近的地方开一个公司。
李钰是贵州人。

这附近，都是以内地城市名命名的，我想是因为当年这里住着来自大陆各个城市的人。
早餐后去她公司喝茶，说割舍。要做自己爱的，要坚持自己爱的，就要懂得割舍。
她请我们喝"旺饼"，这是山青花燃的第一款生肖饼。狗一定是哮天犬一类，实在是细长了些。
料是三年前的那卡料。介绍说，不像易武那么柔，不像班章那么猛，是刚刚好的那卡。檀萃介绍普洱茶的时候，说不像碧螺春那样不耐泡，不像……
这就是见识。
钰姐与猫猫在那里讨论工艺。
我已经喝上了2014年的班章甜茶。
上次见俊良，在2016年12月深圳茶博会上。《民国茶范：与大师喝茶的日子》刚刚超前印刷出来，他买了一大捆带回台北。那个时候，我不曾想过有一天我们会在台北相会，也不曾想《民国茶范》会有一个台湾版，我还会来到这里签售。

罐子茶书馆推出《茶 tea》杂志的时候，我刚好也在创业阶段。

吴德亮

茶业复兴报道勐海冰雹的信息还被当时的《茶 tea》主编李景蓉选刊在这本杂志上。用台北某学者的话说，这本杂志比台北另一本杂志水平高了 100 倍。嗯，这是一本优雅的杂志。而我，有幸在差距这么大的两本杂志上都发过文章。

在二楼，硕珍推荐的书我都一一收了。《茶叶大盗》繁体版，《台湾茶事》……我关心书的内容，也关心它以何等面目影响人。这一期《茶 tea》杂志关心的是南洋茶，也有相关图书，硕珍建议我关注下，交流起来，确实是一个蛮有趣的选题。

她建议我去梁实秋、林语堂、钱穆等人的故居看看，她期待《民国茶范》后续。她说到扬之水、廖宝秀，其实我们都在做物质观念史研究，两位老师都为我提供了非常多的灵感。

一种方法成就一个人，或者是一批人。

方法就是看事情的角度。

茶业复兴与罐子茶书馆几乎同时在两岸做类似的事情。茶文化产业化这波，我们并没有拖后腿。

辞别罐子书屋，俊良带我们来到吴德亮老师的工作室。即便是台北，都在做茶文化，俊良与德亮也是第一次见面。

吴德亮也开玩笑说，要是不写茶，他感受不到写作的快乐。他送我们珍藏的诗集，市面上买不到的那种。

为了茶，他娶回一位云南太太。并把她训练成为茶道老师。这方面，我们有太多共性，更何况，她们都叫"猫咪"。

在这个琳琅满目的工作室，猫猫在每个角落落脚，睁大眼睛看着吴德亮。尽管他画了很多鱼作消食之功，留了足够多的猫粮与玩具，但还是觉得不够，于是他说自己是 PTT（怕太太）协会理事长……这种公开秀恩爱的行径实在令人发指……

他祭出极为珍稀的台湾高山乌龙茶之梨山冬茶、老普洱之 20 世纪 80 年代 8582 普洱圆茶、老六安之 20 世纪 30 年代篮茶等三款名茶。

每一物都把我们带到一个陌生的地方，这是一千零一夜的叙事开端……

在 2017 年深圳茶博会上与吴德亮一见如故，之后读了他为台北联经版《民国茶范》写的序言，大为感动。这次为我在台北活动积极奔走，更是操劳不已。

茶壶上有他的题款不说，洗手台也是自己画的，所以我起身的时候，还重点观察了马桶……额，德亮是难得的生活家，他观察入微。台北艺术家喜留长发，大陆艺术家爱剃光头，我头发不长不短，一看就正常人。他讲签名，大陆人喜欢带着姓写先生，台北人习惯说名字称兄道弟，想到某大佬的口头禅"兄弟我"，也对。

　　《民国茶范》大陆版的副标题是《与大师喝茶的日子》，到了台北后，"大"字被编辑死活吃掉，只剩下喝茶的"小日子"。

　　梦想照进现实。
　　德亮还送我大禹陵好茶以及他的茶器书，下一波茶器肯定会火。

吴德亮工作室

台北街头小吃

这与对极致空间的追求有关，美需要美器。《人文茶器》是很好的命题。

三顿饭，昨天在丰盛食堂，今天中午在"大来小馆"，晚上在它隔壁的"吃饭食堂"，台北首席点菜师"三古默农"亲自点餐，据说他可以连续一周点出不同的餐，确保每位都吃得嗨。

早上感受了豆浆里的油条味，中午感受"小吃摊上的热情"，晚上掉进了"知识分子精致的陷阱"。

三位前传媒人，现任"PTT"理事，吃货带着各自太太，在"三古手感坊"聊着八卦，喝着1935年的千两茶，寒意在散去，茶神就在心中。

1月12日：重逢不断重逢的人与物

今天要说的是重逢。

在台北君悦酒店，我再次与这只白色老虎相遇。
从来没有一只老虎会如此白天黑夜地伴随我。
2016年，我目睹了白色老虎的首次亮相。
在一丛山茶花中。那是瑟瑟发抖的冬天，它显现出力量。后来它就是我手机的烙印。

2017年第二次在广州亮相，我在现场直播。接着第三次我又在现场直播。这一年，这只老虎被李钰带到许多地方。一只会喝茶的猫科动物，确实比灵长类的茶故事更能带来轰动效应。

"喜新恋旧"，荧幕上这样说。
谢祯舜先生谈了山君与山茶的结合。
心有猛虎，细嗅蔷薇。
多么温柔的力量。

这太云南。昨天硕珍说，云南人为江南人塑造的茶文化注入了某种力量，这让她意外，有些动容。今天她站在人群，再次被这种力量感召。

李钰带来的，有茶，又不只是茶。前天她呈现了蓝色的魅力，今天她点燃了红色的部分。

画面一帧帧滑过，易武，那卡，布朗……

她在讲一个云南的故事，讲香扬水柔的易武，讲霸气黏稠的老班章。山青花燃品牌的产品在陈列台，饮品在杯中。

举杯的人说："还是第一次看到茶会可以如此，没有茶席，没有茶艺表演。"

又一位举杯的人说，今天遇到多年未见的老友。

我亦是。因茶而来，因人而来。

又见到周江南。又见到宸仪。

又见到沈侥宜先生，又见到吴德亮先生，又新认识何健生先生，他一身民国范，来台前我才看过他谈茶艺的文章。还有何志韶先生，梅少文小姐……

茶有特色，人有性格。

识风土，品人情，本应如此。

我也讲了云南古茶树那种烧不尽砍不断的力量。

那也是雨果所言，一种集结全世界军队也消灭不了的东西。

茶是入口的东西，你讲再多，也要经得住口感验证。一个不知道怎么做菜的人，菜好吃不好吃他是知道的。

所谓嗜好品，就是口感的不断重逢，我们努力去寻找让我们春心荡漾的东西。

人与物，都在追寻天人感应。

今天，与宸仪母女亦是再次重逢。我们多次相遇。那时候在普洱，我在台下，她在台上。那时候在昆明，她在我办公室，我在西安。那时候在宁波，她在茶台前安静泡茶，我在一边默默饮茶。

终于有一天，宸仪来到茶业复兴沙龙，我们可以面对面交流，啊，多么甜美的女孩。

也必然有一天，我们来到普洱，手撕烧鸡，膝拜茶祖，心念苍生。

而就在今天，我们在台北街头撒欢，在茶人大 party（聚会）中结识新朋，在老茶中盘点旧事。

第一泡，是冻顶乌龙，连续七年的大奖产品。别人用心做，泡的人用心泡。"不用心对不起这款茶"，稍微遗憾，没有闻香杯。

这香气是多么诱人啊。手里的欧洲古董茶杯，不能完全聚香。

第二泡，是老绿茶。总觉得喝到的感觉就像是啃甘蔗一样。

第三泡，我们再次喝到了有树种香的老乌龙。妈妈说，如果只有二三十年，还可以喝出工艺香。

她们刚从杭州回来。

宸仪妈妈的茶席上印有《乡愁》，是为了纪念一位逝去的诗人——余光中。茶席前有鸡蛋，冬笋……日常之物，最大的牵挂就是舌尖滋味。昨天在德亮先生那里，发现阮殿蓉送她的屈原饼，他说，本来有两饼，有一饼他送给余光中先生。有些时日，他们常在一起喝茶。

梁实秋到台后，最挂念的就是北京那杯龙井，胡适之到美国后，最挂念的也是龙井。那是龙井的时代。也许不是茶，而是茶牵扯出的生活，某地，某人。

今天，我想到在广州的时光，我与李钰第一次相遇。她在万花丛中，蜿蜒如江水。晚上，我们在一家小茶馆，谈着走天下的梦想。嗯，我喜欢与有理想的人共事。

今大，在宸仪妈妈的秘密领地，她请我们喝她精心照顾的茶，小心翼翼地给我们看她在世界各地掏来的茶器。这是一个每一盏灯的位置都有讲究、每一段木头都有故事的地方。

宸仪在许嘉璐先生的推荐下，读了《茶叶战争》。茶确实有神奇的力量。

因为了解，我们越来越相同。
因为了解，我们越来越不同。

1月13日：从台北故宫博物院到奇古堂

我们在台北故宫博物院见面。吃饭。喝茶。

廖宝秀老师送我《典雅富丽——故宫藏瓷》，我送她《茶叶边疆》《茶叶江山》以及普洱茶。

她翻开书，为我们讲书里比较独到的研究，之后，她把我们带

廖宝秀与我

到真品前，教我们看瓷器的方法。

　　她说回青是从云南来的。她一直想去云南看看，云南有玉溪窑。她的老师是昆明人，经常会讲起滇池，还有过桥米线。台北的云南菜，她也吃过，说滋味非常迷人。

　　我们曾经共同参加过雅安的茶马古道会议，那场会议，台北故宫博物院前任院长冯明珠与北京故宫博物院现任院长单霁翔都做了主题报告。那一次，茶与茶马古道是核心。

　　多年前，我因为乾隆写的一首普洱茶诗，到处网罗资料，发现了廖宝秀写的三清茶以及乾隆茶舍考证。乾隆的三清诗茶碗里面的三清：梅花、松实、佛手，以前陶瓷界没注意，称之为"三友碗"。廖老师把它从典籍中探寻到，并呈现出来。

　　这是一个喝三清茶的季节，梅花盛开。到这里三天，每一天都有人参加梅花茶会归来。梅花（暗香）意味着一种慢节奏，一种传统的美。也许还是一种训示，在寒意中，我们如何持续保持优雅。

　　罗际鸿先生从新竹驱车前来会面，我们在车上完成了简短交流。他送我书法作品，我送他书。

　　猫猫终于有机会请教写字。罗先生说了站姿、慢写等诸多干货。他告诫不要滑，不要填，不要熟。我不写字，但听着很有道理。

　　因为这样，我忽然觉得很多面目全非的会议也值得参加。我来台北见到许多人，都是在不同的会议上结识的。

我们在车上聊了一个多小时，他去置办文房四宝，我们继续回博物院看宝。

廖老师问，要不要一起见位老茶人？

于是，我们背着大堆新买的书，来到奇古堂。

沈甫翰先生80多岁了，才去日本授课回来。他教我们用器皿去感受香的变化，闻香杯真是越来越少见到了。

奇古堂使用的的壶，是50CC（CC即毫升）的小壶。沈先生在推广一种"低碳吃茶法"，容我以后慢叙。

只是忽然间，我觉得他们会认识一个人。

于是我就问问。

沈太太很惊讶我怎么会认识这个人。

她让我问问对方，乙卯春尖还有么？

对方说，那是1975年的黄印，没有了。

这个人我上月在香港才见过。他叫吴树荣。

他是最早来台湾买茶的香港人。台湾普洱茶的流行多少与他有点关系。

我在香港写出了上联，到台湾写出了下联。

我与廖老师说，这是福报啊。沈甫翰先生，还是最早去普洱参加国际研讨会的人。这也是我苦苦追寻的一批人。

晚上，我们去了不打烊的诚品书店。

奇古堂 沈甫翰

这座城市，有一座灯塔，照亮与温暖了无数人。

1 月 14 日：阳明山的春秋意

在诚品书店敦南店读书到凌晨两点。这家 24 小时开业的书店，是都市最耀眼的灯塔。当然，我带着敬意来。

吴清友先生是我的偶像。

应了朋友带书，径直去了茶书区。却发现《茶叶战争》与《民国茶范》都不在茶分类区。去过好几个诚品，分类都不太一致。

《茶叶战争》在近代史，与《晚清七十年》一起。《民国茶范》

诚品书店

与六神磊磊、许倬云两尊大神的书摆到一起……朋友说，你在台湾出的两本书，也算是从晚清到民国。这确实是我无意为之，但回头得在台出出茶专业的书。

《茶叶边疆》其实就是这样的一种努力。

早上起来本来就晚，补昨天的写字课。弄好文图已是晌午。发完稿，吃好饭，充好电，带着两个版本的《民国茶范》，踏着风火轮，往阳明山奔去。

在阳明山林语堂先生故居坐了会。
咖啡一般。山色尚佳。樱花浓艳。风依旧大。

今天的色彩还是蓝与红。

蒋公以偶像王阳明之名命名此山，但让这座山明朗起来的不是王阳明，而是林语堂。

在他打字的地方，写了几个字。在他读书的地方，读了几页书。在他微笑的地方，假笑。在他哭泣的地方，撇嘴。我家乡附近的古树茶，居然来到了林语堂故居。

门口的章，很好玩。我们盖满了有林语堂的部分。

林语堂先生客厅有联：文如秋水波涛静，品似春山蕴藉深。

苏东坡说，仙风入骨已凌云，秋水为文不受尘。

我想，苏东坡一定给林先生太多启发，这位乐观豁达的四川人，值得我们学习。

播放的纪录片里，有一位林先生的美国粉丝说，林先生的书当年有着极大的影响。而我提出的问题却是，为什么民国天才辈出，学贯中西的他们之中却没有一个人对西方造成类似冈仓天心以及铃木大拙等人的《禅》《茶》影响？

在美国富人家的小孩背诵《三字经》与唐诗的语境下，我们需要谈谈茶里的中国梦。这也是追寻林先生茶生活的一个意义。

如何把生活过成艺术？林先生曾经给出了答案。
如何把生活过成艺术？沈先生已经有了答案。

从阳明山出来，直奔沈甫翰先生的茶馆。

30 年来，有仁爱路福华饭店以来，奇古堂就在那里。

30多年来，有奇古堂以来，沈甫翰一直在那里。

这个点，86岁的沈甫翰一定会在奇古堂。

沈太太一定正在他对面泡茶。

插段话。

早上，杨凯老师发来沈甫翰1993年在云南留下的名片。上面有两个地址，我问廖宝秀老师，还在这里么？她说在。一个就是昨天喝茶的地方，另一个，沈先生腿不好，不太去了。

现在，那个文艺气质浓厚的女文青茶客，已经从故宫退休。

我有些感慨。

我有些动容。

我有些感动。

也有些感激。

昔年种下火种的人，他会知道之后发生的一切吗？

沈先生早年在建筑界，从设计茶器而进入茶界。

我们目所能及的商品，大部分是他自己设计的。品茗壶、闻香杯、烧水壶、酒精灯……他的用词非常谨慎，他绝对不用"小壶"来说自己那些"50cc的壶"。他说选择如此容量，是因为日常所用已经足够，不需要再多余。我这两天都是五六人围炉，没有感觉到喝不够。

这当然与沈太太娴熟的技法有关。

沈先生极力回避的词还有"喝"，他一直用"品"，我们这样是在品茶，解渴之类牛饮不在此范围。猛灌茶水宛如下暴雨，身体

好比田地，无法吸收，最好的当然是细雨浸润，他说，"留一口茶在舌尖"，慢慢打转回味就是此意。

他不喜欢"茶席"这个说法，他设计的茶器组合获得过许多大奖，最早是整体借人或出租出售，杭州茶叶博物馆还收有他的作品，台北"故宫"也有他的作品……可这都是为了更好地享受茶；好的茶，不需要多余的东西，他的酒精灯，喝一天茶只需加一次酒精。

1克的台湾茶，可以泡16次。他算出来这样喝，一人一年的开销几何。真是很"省"，刚好他姓"沈"，一切变得饶有趣味。

简要说来，这就是他推广的"低碳泡茶法"。他呼吁大家回到茶本体，茶器只是为了更好品饮。他批评那些自称"茶人"的人，认为他们做了太多多余的事。

沈先生给了我一张老宣传册，上面写有 20 世纪 80 年代的协会成立时所写的宗旨，以及各家茶馆的名单。他顺着看了看，许多茶馆已不在，只有零星的一些还在开着。"贵阳茶馆"还在贵阳街，我今天路过。"紫藤庐"还在，已变成一处景点，我根本不想去。

但那是台湾茶艺群星璀璨的时代。
可是，还有多少人在坚持？

建水访茶记

建水是一个很干净的地方。

草木，人群，万物，信仰。

可能是因为这里始于水。

西门那口老水井，养活了半城建水人。

西门豆腐，在云南豆腐界的地位，好比是茶界的班章、冰岛。

上大学时候，师兄的介绍是，西门豆腐是豆腐界的马尔克斯。

确实，少了西门豆腐的昆明夜宵摊，恐怕没有什么人光顾。

我生平最爱的三黄。

其一是洋芋。其二就是豆腐。其三就是黄汤（茶）。

茶只能排在最后。

一个吃洋芋长大的人，对西门豆腐有相见恨晚的感觉。

我曾经连续 3 周将烧豆腐当主食。

昨天，黄黎再次邀请我们回顾了围绕火塘、数着玉米吃豆腐的情景。

这是一种古老的法则，吃一块豆腐，数一颗玉米。

要是问，会不会少数了？

一句话暴露外地人的身份，

也暴露了不堪的过往。

吃豆腐是去建水的一大理由，却不是我们这次去建水的理由。

这次，是因为一个茶会。

我们打算从今年立春开始，做一个二十四节气的茶会，这是我多年的夙愿，可惜从未践行。

今年，得益于杨尚燃先生的鼎力支持，由尚燃藏茶与茶业复兴联办。

那次我在上海，我想到滇池，想到建水，丽江……

一方水土，一方人。

在滇池茶会开始之前，我想来建水走走。

因为这里很干净。不是每一个有水的地方都干净。

都如西门老井那般清澈。

都如西门豆腐那般白净。

都如这座城市里的居民那样，有着干净纯粹的信仰。

他们为世人保留了一座完整的大庙。

我走在那里。

池是池子的样子。

鱼是鱼的样子。

树是树的样子。

圣人是圣人的样子。

那般谦逊的模样。

没有烟火缭绕的香鼎。

没有油嘴滑舌的导游。

就连功德箱，都是以提供圣水的名义。

我确实需要喝口水。

于是我坐在那里。

于是我看到圣人。

一个谦逊的圣人。

即便是高居庙堂，依旧是谦逊的圣人。

他从来不承诺什么。

我也忽然明白我为什么要带着大家来这里。

以后我会带更多的人来这里。

所谓二十四节气茶会，不过是把传统生活化罢了。
除了茶，我还找不到更为恰当连接传统生活的方法。

走的时候，我带走了三桶水。
那一天，黄汤更黄、更香。

景洪喝茶记

我不记得到底来过多少次西双版纳？

100 次？

去年就来了不下 15 次，有一个月每周都在。

其实上个星期也都还在，几天前看到的那辆车，已经完全被灰尘覆盖。

我从未好好打量这座城市，印象里应该更秀丽一些、更旖旎一些。但现实的灰尘实在太多，压得植物失去性别，车辆过早报废。

中午吃饭的地方，在"易武茶乡饭庄"。饭桌上，有人说 1992 年的深圳，我们只能说 2004 年的景洪，那一年第一次来到美丽神奇的西双版纳。

2005 年我们要出一套旅游书，其中一本叫《西双版纳的十二缕阳光》，当地的导游给老乡介绍时，永远都是"神奇美丽"的西双版纳。这些年，读的书越多，去的地方越多，越觉得找不到比"神奇美丽"更好的词语来形容西双版纳。

直到茶出现。

要是没有茶，这里会是什么样子？要是没有勐海茶厂，这里又会是什么样子？

这里有一棵神奇的茶树，活了几百年才死去。有一个神奇的女人叫阮殿蓉，在这里创办了一个叫"六大茶山"的企业。而之前，她是勐海茶厂的厂长。那个时候，不同的文艺男描述的阮殿蓉不尽相同，但都说，那是一个美丽的女人。

我还没有见过阮殿蓉的时候，就读了她的书，喝了她的茶。阮殿蓉在中年文艺男圈子里具有超凡的影响力。

我们有相同的属相，也都比较容易掉眼泪。比如今天。

看到阮殿蓉的故事回顾，不止是感动。坐在我身边的蔡昌敏，跟随她十六年至今。像蔡昌敏这样入厂早、到现在还在岗的员工，有很多。2002 年，阮殿蓉的家庭成员蒙冤，她伤心离开勐海。2007 年，她创业的茶厂被强拆，之后行业大地震，后来她生孩子……每一次公司快要关门的时候，她都坚持了下来。

我们几乎每周见面，但我对她依旧缺乏了解。

她坚韧、念旧、爱才、舍得，以自己独有的方式影响这个行业以及周边的人。

我创业后，尤其是去年，几乎重新组建了团队，终于知道坚持理想创业有种种不易。可是，她一直鼓励我。她相信文化的价值，如同多年前，她坚信普洱茶一定会在这片土地上复兴。要不是因为她，本土茶文化创作意识还要落后很多年。

也终于，我在这片土地上看到了书店的样子。

我第一次去告庄的时候，还是一片工地。我问刘婷，为什么选在这里。

而现在，这里拥有 700 家茶庄。

余福生福元昌刚刚装修好，还未完成剪彩，我们已经在这里大吃大喝热热闹闹了好几回。除了有美食、美丽的老板娘，还有美景、美酒以及好书。

每个来过的人都说，这才是生活的样子。

一个身世惊人的普洱茶老字号。一家颇有口碑的布艺馆。一个人声鼎沸的夜市区。一段段价值不菲的木头。一个个萌到化的小壶。一本本形色各异的书。还有一群心思很轻的小美女……据说福元昌的男老板邹哥已经被列入了禁入名单。

从小黑在昆明大兴的茶业复兴茶书馆、福元昌在景洪大兴的茶书馆以来，茶文化已经从雄达茶城开始蔓延到各大社区。这一切，都是从阮殿蓉邀请我去雄达茶城开始。

她说，如果你的茶文化连这个茶城都不买账，那么趁早把公司关了。

任何远大的理想，都是从一个小地方开始的。

在过去与现在，茶文化都是被人轻视的对象。

而我以及我的团队，要从扭转这个现象开始。

读杨凯的《茶人茶庄茶事》时，我常常在想，昔日的茶庄，不也如今天雄达茶城、金石茶城一样，大片大片，那些今天还能被记起的，只留下了文字以及茶品。

　　如果有一天，外星人书写地球往事的时候，他会从这里解读到什么？

革登访茶记

早上不到 7 点我便醒来，昨夜电闪雷鸣，起来上洗手间，险些摔了一跤。古六大茶山的住宿环境，相比景迈山来说，确实差好多。只能说，能睡。上一次来这里住宿，赶上停电。晚上就是柴火烤猪肉与洋芋，反而多出许多欢乐。昨天晚上也就着热灰烤洋芋，边吃边喝茶，国人的餐桌也大抵是这样中西合璧的。

室友文老师早已出门拍日出，我到茶室喝了几口茶，想起昨天王笑有送我同庆河的头春小树，便拿来冲泡，确实好。等大家陆续起床，便一起往武侯遗种处走去。

从郭龙成在革登的茶叶初制所出来，便看到路边的指示牌写着：茶祖诸葛孔明公植茶遗址。路上这片茶园修剪得体，已是芽头压枝。

还没有修剪的茶园，草高快超过了茶树。这些年，要怎么修剪茶园，专家意见不一。像我这样喜欢四处闲逛的人，是喜欢看到茶树枝繁叶茂的样子的，不修剪，大约就失去了景致，也失去了过多的茶芽与鲜叶。之所以有人不修剪，是因为有种观念认为，这样的茶更好喝，更卖得起价钱。

他们提醒我，这一路上，扒开许多茶树上的腐叶，很容易看到树根。我随便试验了十多棵，都是这样。为什么会这样呢？是因为这片茶园被火烧过，现在看到过的是后来发出来的。仔细看，还有许多茶树主干也被砍过，现在看到的都是枝条成长起来的。许多人到了古六大茶山，看不到高高的古茶树，便断言这里种茶的早晚。殊不知，要看懂古六大茶山的茶园，需要沉下来，跪着、趴着、躺

本书创作团队在古六山考察

着才能找到最接近真实的方式。

不知不觉来到了武侯遗种处，这里以前叫茶王坑，茶王树死后，只留下一个大坑。现在多了两块石碑，一间茅庐。石碑是2004年10月立的，每年都会有人来这里祭拜。这里有两棵长势很好的茶树，边上有一棵被砍头的树，旁枝也发得非常旺盛。

我带着罗伯特·佩恩的《造物记：人与树的故事》，里面有说，伐桩术，也就是把树木砍到与地面基本齐平，可以刺激和促进树木的重新萌芽。书里介绍说，梣树一般的寿命在200年，而伐桩可以把梣树的寿命延长到400年。我还记得他提供了测试梣树年龄的方式，真是便捷。看这些树，再看看我们的古茶树，会获得很多启示。

原来一棵树的生命，不是靠数年轮来测量的。只要有足够纵深的根系，它可以不断重生。

那么，那些在茶王树坑边上种植茶树的人，是不是也怀着这样的心思？

那个盖下茅屋的人，是不是早就为诸葛先生备下了房？

丁俊说，这块土地，需要再次恢复秩序。2017 年，他们在这里举办了一场盛大的祭茶祖大典。"今年的祭祀大典就在下个月，比去年更大，要树诸葛孔明像。"他希望我能来。

孔明山就在我眼前，山下云雾缭绕。

诸葛亮，字孔明。

在战场，他是神出鬼没的战略家。

在这里，他是古六大茶山的茶祖。

上个月我在勐海跑步，跑着跑着就看到了街边诸葛亮的塑像，边上还有另一位茶祖神农的塑像。这种变化也是近几年才有的。以前云南茶界，只认诸葛亮，其他茶祖他们不认识，也不想认识。但 2017 年 8 月我去普洱市文化博览园参观，里面也有一个茶祖庙，有神农，有帕哎冷，有陆羽，就是不见诸葛亮。我发了一个朋友圈后，普洱市著名文化人黄雁说，诸葛亮此时在振兴大道大街上当交警呢。

在茶城普洱市城区里，诸葛亮的塑像被置于市中心显要位置，"孔明兴茶"一直是当地汉族推崇的茶文化。当地人流传着一种说法，三国时期，茶山人要跟随孔明去成都，孔明叫他们头朝下睡，马向南栓，但当地人却头朝上睡，马向北栓，结果没有跟上孔明。孔明回望之时，看到当地人没有跟上来，就撒下三把茶籽，说："你们

吃树叶！穿树叶！"就这样，当地人学会了靠栽茶生活。诸葛亮为什么要当地人吃茶呢？因为当年诸葛亮南征的部队，遇到瘴气中毒，最后靠茶叶解了毒。

大清道光年间郑绍谦等编撰的《普洱府志》说得更具体一些。"六茶山遗器俱在城南境，旧传武侯遍历六山，留铜锣于悠乐，置铜鉧于莽枝，埋铁砖于蛮砖，遗木梆于倚邦，埋马镫于革蹬，置撒袋于曼撒，因以名其山。莽枝、革登有茶王树较他山独大，相传为武侯遗种，今夷民犹祀之。"

我们今天所到的地方，就是武侯遗种地，只是那棵茶王树早就死了。今天周边的民众还在祭祀，只是不太那么隆重。丁俊、郭龙成等人，感念茶祖留下这宝贵的遗产，觉得要恢复传统的祭祀大典。所以从 2017 年开始，他们找村委会，找茶商，找茶农，张罗起了第一届公祭茶祖武侯遗种"普洱茶" 1792 周年文化节。而 2018 年不同，要落成孔明像，花费更大。在给我们做向导期间，丁俊还在一路找资助，上山的几个朋友，差点都难逃他的"洗劫"，大家也都开心，这是一件善事，兹事体大。

我们站在那里，向逝去的古茶树行礼，也向逝去的生活致敬。作为一个研究茶文化的学者，断然不会相信诸葛亮来过这里，并留下那么多的遗迹。可是文化不就是通过想象而得以美好，因为美好而得以保留么？我们今天感念于茶祖功德，感念自然的馈赠，也感念茶山新一代茶农文化的自觉意识。

是的，这些茶农兄弟让我们感动。这是一片异乡人的乐园，江西人、四川人、东北人、石屏人、湖南人、广东人……他们来了散，

周重林和茶友们在孔明遗种处旁的茅屋喝茶

散了归，可如今除了在那些断桩残碑上寻找过去繁华的蛛丝马迹外，还有什么？

我们除了在茶园挂一块牌子，瓜分下茶山势力外，还可以做什么？我多次痛心这一带大庙先后毁于战火，也多次悲痛于茶王树先后死去。可是，自然的法则，谁也无能为力。

莽枝访茶记

　　午饭在牛滚塘的农家乐吃。丁俊一路上都在与行人打招呼。不是亲戚就是朋友，这地方不算小，一个村与另一个村之间有很长的距离，但常住人口很少。在一个交叉路口，丁俊带我们去辨识指路碑。他坚信，这片土地是被人有意抛弃了，他家所在地，是五省大庙的遗址。

　　当年的功德碑大部分文字已经斑驳不可见，茶室里挂着孔明像。这个小学都未毕业的人，去年祭茶祖时写了全部祭文，我们读完后表扬他写得好，如同我们表扬茶王坑边上的碑文，这些字，是用热情与热血写就，与文人的无病呻吟有着天壤之别。丁俊相信未来有一天，这里会再现昔日古六大茶山的风采。

　　先有牛滚塘，后有古六大茶山。牛滚塘昔年是改土归流的核心区域，围绕这里的古遗迹尚有许多。但街道上大部分土地被政府盖了安置房，主要为新移居来的苗族提供方便。

生活在云南，我们很庆幸，曾经先人考察过的古茶树，现在还在。这也是这次考察的一个重点，古茶树是如何保存下来的？因为，这里的主要历史遗迹真的消失殆尽，我们去的大庙，去的大墓，能找到的就是残砖断瓦，可是这些古茶树，却异常顽强地活下来，有些不可思议。

在古六大茶山，每一片茶园都会有一棵茶王树，就宛如过去每一个部落都有一位领头人一样。现在最大的树，除了受到村民与茶客的膜拜外，还主导这一片区的茶叶价格。茶王树卖得好，这一片茶园都会跟着沾光。

这三年来，最火的概念莫过于"古树单株"。我们最近去逛过的"领地王"，都被人高价买走。单株是一种口感的巅峰体验，茶王树的单株更是。老班章的"茶王"2017年卖到了32万一斤，成为茶界

考察团队在识读碑文

102

年度事件。景迈茶山上古茶树大的很少，但茶农还是选出每片茶园里最大的树，将之将之命名为"茶魂"，挂上牌后，卖价也是水涨船高。

江西湾有一棵横着长的茶树引来大家关注，这棵树不知为何从竖着生长变成横着生长，一口气长了10多米，它的分枝则是竖着向阳生长。

这片茶园整体在坡地上，我们很容易找到大部分茶树被砍伐的痕迹，扒开泥土看到根系，会发现其更加古老。而茶园周边，是更加高大与茂盛的树林。

丁俊说，有些茶树是落籽生的，有些是栽种的。而这些年，栽种的要多些。

所以，我们说茶文化寻根之旅，就有了多层意思。一是寻茶树之根，寻找那种来自地底生生不息的力量。二是寻找茶文化之根，云南茶文化之根在古六大茶山，云南茶以及茶文化的第一次兴起，就是从这片土地开始。三是寻找茶灵魂之根，茶祖从未远去，只要轻声召唤，他就会来到身边。

江西湾传说是江西人最早居住与种植茶树的地方，在老普洱府所在地宁洱，现在还有江西会馆，在滇东北会泽也有江西会馆。从今天的江西人缔造的遗产来看，他们主要是追着资源跑，在红河一带（明代的临安府）是挖矿，发达后的张姓江西人在建水团山修建了美轮美奂的张家花园，现在依旧是去建水必去的景观之一。

这里可考的江西人大部分都是明代洪武年间来到云南，历史上的两江区域（江西、江苏与安徽）在明代来云南的人非常多，现在许多云南的汉族都自称是南京人。江西人先是到了红河一带，之后南迁到今天的古六大茶山一带。明清以来，这条民族迁徙路线非常清晰，现在还有源源不断的人到来。清代有人早看出这一点，"凡歇店饭铺，估客厂民，以及夷寨中之客商铺户，以江西、湖南两省之人居多，他们积攒成家，娶妻置产"，"虽穷村僻壤，无不有此两省人混迹其间"，乃至"反客为主，竟成乐国"。江西是中国著名茶乡，江西人凭着对茶叶知识以及技能的优势，在古六大茶山立足下来，并成为其历史上很显著的部分。

后来有一个江西人胡先骕（1894—1968年），他是云南植物研究的先驱，在植物学上最先命名了普洱茶种，张宏达与闵天禄在他的基础上重新分类了云南茶。

原本山川，极命草木。枚乘说，我们要去了解山之本源，要把植物穷尽。胡先骕先生认为，这不就是植物人的精神么？于是他把

茶树上的寄生植物

这两句选为云南农林植物所（昆明植物研究所前身）的所训。这也是我过去十五年以来，反复来这里的一大理由。

江西湾的大部分古茶树都被砍伐过，云南茶树长得过高，不方便采摘。砍掉主干，还有一个原因是新发的枝条会更茂盛。江西湾最大的这棵古茶树被砍伐过多次，最近一次砍伐也是这几年，不砍不发芽。这是把茶树当作日用经济作物的一种观点，要是稍微把时间轴拉长点，就会发现茶山因茶而战的历史。

近代史开端便是以"茶叶战争"（详见周重林所著《茶叶战争》）为缘由，古六大茶山的改革与战争，也是从这片区域开始的。丁俊一直希望我们书写一本古六大茶山的茶叶战争，他很兴奋地带我们去看牛滚塘那棵活了几百年的大青树，他说起了一段骇人听闻的往事，这里曾经挂满了人头。

这个故事，也得从一个江西人说起。

丁俊的故事来自詹英佩所著的《中国普洱茶：古六大茶山》，这本书里，叙事的主体很少是茶，因茶而生的民族才是作者关注的核心。根据詹英佩的讲述，有一群江西人来茶山，其中一个不守规矩，与当地头人麻布朋的妻子有染，事情败露后，头人麻布朋怒杀当事者二人，把头挂在大青树上。

出了人命，汉商希望走衙门程序，但当地头人受小土司刀正彦保护，没有被追究此事，这就激发了矛盾。其时，刀正彦正在与大土司刀正宝争夺土司权，并企图把这桩人命案嫁祸给刀正宝，趁机在茶山掀起了不少风浪。

清政府得知茶山乱起来，云贵总督鄂尔泰责令普威营参将邱名扬等领兵千余人进剿，在刀金宝的协同下，麻布朋等人被擒，供出主使刀正彦，于是鄂尔泰下令捉拿刀正彦，并攻打窝泥人（今天的爱伲族）聚集的攸乐地区。十一月，邱名扬大胜，攻下攸乐，事态平息，刀正彦逃跑。雍正六年（1728年）三月初四，刀正彦及其随从在孟腊地方被清军擒拿归案。

后来我们才知道，这是鄂尔泰等待很久的整顿"时机"。雍正六年（1728年）正月，云贵总督鄂尔泰给雍正说了自己治理云南的几个建议：

第一，严把边疆。云南西部的镇沅、威远、恩乐、车里、茶山与勐养这些边疆地方，需要好好整治，不然云南的局面不好控制，这里与越南、老挝、缅甸接壤，出了事情，等清廷兵到，要找的人早已经流窜出境。

第二，严治土司。澜沧江内外各设土司，除车里宣慰司外，还有茶山、勐养、老挝、缅甸诸处土司。土司之间平日里常常明争暗斗，谁也不服谁，经常擦枪走火，小土司想做大土司，大土司要灭小土司。他举例说，车里土司刀正彦就是坏人，必须要除掉。

第三，严控茶山。茶山的资源除了茶外，还有盐井，以及数千里肥沃土地。

鄂尔泰的解决方案简单粗暴，也最有效，一个字：打。所以，麻布朋事件不过是一个发兵借口。边地出兵也没有想象中那么容易，要克服水土不服，要避开谈之色变的瘴气，要开路。所以，清廷专门安排了兵种，持斧锹开路，焚栅填沟，拿下勐养后，以此为根据地，连续攻下六茶山中最大的攸乐山，其所辖40余寨。

灭了江外土司，战后政策也出来了。"江外宜土不宜流，江内宜流不宜土"，这就是著名的改土归流。至此，除了景洪还有土司外，其他地方的土司都被灭了，清廷将思茅、普藤、整董、猛乌和六大茶山，以及橄榄坝六版纳划归流官管辖，其余江外六版纳仍属车里宣慰司。后来为了方便，又把普洱升为府，管理六山事务。雍正八年（1730年），在攸乐山修建攸乐城。

从故宫存留的档案里，我们可以看到，鄂尔泰与张允随要把茶山掌握在手里的真正"目的"：一切都是为了宫廷的吃普洱茶欲。过去普洱茶是贡茶的研究资料，非常少，直到2014年故宫出版社出版了《清代贡茶研究》一书，作者与读者都发现，在清代，普洱茶才是贡茶的大宗。究其原因，是因为游牧民族满族，需要普洱茶来消食。普洱茶"味苦性刻，解油腻牛羊毒，虚人禁用。苦涩，逐痰下气，刮肠通泄"。这也是为什么后来清朝人始终相信，西洋人离不开茶叶与大黄。他们实在是太感同身受了。

雍正像　　　　《滇云历年传》　　　　《清代贡茶研究》

雍正六年茶山评定，一年后，雍正七年（1729年）普洱茶便开始了上贡的历史。此年八月初六，云南巡抚沈廷正向朝廷进贡茶叶，其中包括：大普茶二箱，中普茶二箱，小普茶二箱，普儿茶二箱，芽茶二箱，茶膏二箱，雨前普茶二匣。

雍正十二年（1734年），云南巡抚张允随的进贡单为："普茶蕊一百瓶，普芽茶一百瓶，普茶膏一百匣，大普茶一百元，中普茶一百元，小普茶一百元，女儿茶一千元，蕊珠茶一千元。"

根据《清代贡茶研究》所记，嘉庆时，"嘉庆二十五年二月初一日起至七月二十五日止，仁宗睿皇帝每日用普洱茶三两，一月用五斤十二两。随园每日添用一两，共用三十四斤。皇太后每日用普洱茶一两，一月用一斤十四两，一年用二十二斤八两。七月十五日起至道光元年正月三十日，万岁爷每日用普洱茶四两，一月用七斤八两，随园每日添用一两，共用四十七斤五两。嘉庆二十五年八月二十三日至道光元年正月三十日止，皇后每日用普洱茶一两，一月用一斤十四两，共用九斤十二两"。光绪时，"光绪二十六年二月初一日起至二十八年二月初一日止，皇上用普洱茶每日用一两五钱，一个月共用二斤十三两，一年共用普洱茶三十六斤九两。用锅焙茶每日用一两五钱，一个月共用二斤十三两，一年共用锅焙茶三十六斤九两"。

嘉庆每日用三四两普洱茶，这是很大的日耗。甚至超过了我们今天很多专业茶人的饮用量。

从乾隆五十九年（1794年）的这份贡茶清单，我们可以看出贡茶进贡频率以及多样性。

乾隆五十九年（1794年）贡茶进贡时间、名称与数量

进贡时间	进贡地方官员	贡茶名称	贡茶数量
三月二十六日	云贵总督 富纲	普洱大茶	二十圆
		普洱中茶	二十圆
		普洱女儿茶	五百圆
		普洱蕊茶	五百圆
		普洱蕊茶	五十瓶
四月二十三日	贵州巡抚 冯光熊	普洱大团茶	五十圆
		普洱中团茶	五百圆
		普洱小团茶	一千圆
		普洱蕊茶	五十瓶
		普洱芽茶	五十瓶
		普洱茶膏	一百匣
四月二十四日	云贵总督 富纲	普洱大茶	五十圆
		普洱中茶	五十圆
		普洱小茶	二百圆
		普洱女儿茶	五百圆
		普洱蕊茶	五百圆
		普洱芽茶	五十瓶
		普洱茶膏	五十匣
		普洱蕊茶	五十瓶
四月二十九日	云南巡抚 费淳	普洱大茶	五十圆
		普洱中茶	五十圆
		普洱小茶	一百圆
		普洱女儿茶	五百圆
		普洱珠茶	五百圆
		普洱芽茶	五十瓶
		普洱蕊茶	五十瓶
		普洱茶膏	五十匣

1　资料来源：中国第一历史档案馆、香港中文大学文物馆编：《清宫内务府造办处档案总汇》，卷55，北京：人民出版社，2005年版。

现在包装形式最经典的普洱茶还是七子饼，这种样式正是在雍正驾崩这一年（1735 年）形成的。雍正十三年（1735 年），朝廷对普洱茶的包装与税银做了具体规定：七个圆饼置为一筒，重 49 两，征收税银一分；每 32 筒发一茶引，每引收税银三钱二分。从雍正十三年开始，朝廷颁发茶引 3 000 份，颁给各茶商以行销办课。

那一天，我对丁俊说，你不是最早来这里寻找优质普洱茶的东北人。

鄂尔泰改造后的古六大茶山，呈现出前所未有的繁荣景象，他向皇帝呈上的奏折说，原来思茅、猛旺、整董、小孟养、小孟仑、六大茶山以及橄榄坝、九龙江这些地方有微瘴，但现在汉民商客往来贸易频繁后，微瘴不再是问题。在茶叶采摘的旺季，常有数十万人在六大茶山奔走于茶事，道路沿途行人拥挤，摩肩接踵。就在当地，涌现出万户富裕人口。檀萃在《滇海虞衡志》里说，普洱茶"名重于天下"。

《滇海虞衡志校注》

《清宫内务府造办处档案总汇》

在倚邦老街

门上用白色粉笔写着
2 月 18 日梁国伍姑娘结婚
2 月 19 日曹海明儿子结婚
本月 20 日曹文兰孙子生日
1 月 5 日二乡白建七迁新房
上一回我们看到的时候
以为主人请了所有人
便去参加了其中一场嫁女婚宴
我们谁也不认识谁
我们大碗喝酒
小杯饮茶
烟一根接着一根
杯子不够的时候
我们就用饭碗干

我们踩着石头去
我们摸着石墙回
到处看看
随便敲一块都是文物
你与主人说
这狮子是清代的
这压茶石磨是民国的

这老街曾挤满了人

他笑眯眯看着你

给你倒酒

给你递烟

给你斟茶

"这个地方嘛，猫耳朵还是不错。"

在倚邦老街

我们谁也不认识谁

我们大碗喝茶

小杯喝酒

烟一根接着一根

杯子不够的时候

我们就用饭碗干

这是马道牛道鸡道狗道猫道人道车道鸟道

不管什么道啊我们都叫茶马古道

不管什么汤装进碗里都是菜汤

不管什么菜装进碗里都是下酒菜

不管什么水装进碗里都是茶水

在倚邦老街

我们谁也不认识谁

我们大碗喝茶

小杯喝酒

烟一根接着一根

杯子不够的时候

我们就用饭碗干

在景迈山山林祭祀

白裙子的瓜子小
已回潮
绿裙子的瓜子大
脆而香

戴帽子的酒已经过期
黄得像新倒的茶水
光头的酒白生生
与矿泉水喝着没区别

红云烟发给每个人
大重九也发给每个人
小蜡烛点在手上
大蜡烛点在祭台

黑帽子在树前念经
他父亲在这里念过
他叔叔在这里念过
他念念有词

白帽子在树下打盹
经文在他面前跳舞

他在梦里告诉父亲收成

父亲告诉他如何打鼓才不累

他告诉父亲

"猎枪已经被收缴，黑熊每天的吼声震耳欲聋。"

父亲听了很伤心

听过经的米

马上就可以吃

在嘴里会变成爆米花

加了葱的肉

可以驱蚊虫

那块姜

记得昨天在澜沧菜市场的争吵

只差一点点价值就被蒜摔在后头

可以连壶饮酒

可以小杯徐进

可以用手

可以用叶子

只要捏住鼻子

喝与灌没什么区别

皮肤白的

皮肤黑的

戴帽子的
穿裙子的
跪下去也没有区别

喝完酒
跳好舞
才可以吃饭
酒瓶在哪里
人就在那里
锅在哪里
人就在那里

白天可以与山神交谈
夜晚不可与山鬼交心

薅草

你若薅草

我必鼓之

你若鼓之

我必舞之

你若舞之

我必绘之

你若绘之

我必观之

你若观之

我必乐之

你若乐之

我必酒之

你若酒之

我必薅草

勐库喝罐罐茶记

李尚金家盖了新居，厨房已经使用上了电磁炉，但在院子里，还是另外盖了一间简易的小屋。这间屋子就是他的茶房。

"我吃雷响茶有瘾，早上、晌午与下午都要喝一罐，不喝一天没有精神。"今天早上他刚刚喝过，就在我们来之前，现在火正烧得旺，得知我们也想喝一罐时，老人很开心。

他说现在寨里的年轻人不太喜欢喝这种茶了，主要是嫌麻烦。

"做一罐雷响茶，前后需要——"，他顿了顿，换算时间，这是山区的一大特征，时间是模糊的，他给了我们一个大致时间，"20分钟，不包括生火的时间。"

烧水壶有些年份了，已经完全被烟熏得漆黑油亮。他在火塘里又添了一些柴薪，重新往壶里加了水，小跑着回屋里抓了一小撮茶叶。

罐子就在火塘边，是他四年前在坝子赶街时买的傣罐。他把茶叶丢在罐子里，放到火塘边烘烤。"茶是害地茶，我们不吃肥地的，害地茶才好吃。我们也不吃红茶，就吃这种黑茶。"老人说的黑茶，就是晒青毛茶。

李尚金烤茶的时候很专注，罐子一面受热几十秒后，他便要把罐子从火塘边收回来用手上下来回抖动，这是为了让茶叶受热均匀，不至于一些被烤焦了，而另一些还没有烘到。抖好茶后，又要把罐

子放回火塘边，这个时候要换罐子的另一面受热。

　　烧水壶里的开水已经沸腾了，老人把烧水壶拎下来，靠在火塘边，接着烤茶。然后又收回罐子，来回抖茶。如此反复几次，看茶颜色是否变黄，是否受热均匀，再闻闻香味是否已经达到理想状态。

　　李尚金是做雷响茶老手，他与我们闲聊，正说到他当大队长接纳四个知青的时候，忽然话锋一转说，茶好了。

　　他把罐罐放在地上，拎起烧水壶，往下灌水。在连串的"哧哧"声中，热雾弥漫，我已经闻到刺激味蕾的香味，真香啊！李尚金为我们每人倒了一杯，"赶紧趁着热喝，这就是我们都好吃的雷响茶"。

　　烤过的茶，闻起来香甜无比，喝下去，暖心暖胃，在大庭院中，阳光直照下来，喉咙就像被换过一样，那感觉就像半夜烟瘾发时，半天才找到一个烟屁股点上后的感觉，全身舒坦。

雷响茶，就是取名于我们听到的"哧哧"声。明代大旅行家徐霞客把这些烤茶称为百抖茶，就是来源于这个来回抖茶的动作，频率快，来回多。在甘肃康县、陕西略阳一带则直接用烤茶的工具来命名，叫罐罐茶。

勐库一带，与雷响茶相关的还有糊米茶、扫把茶，这是从佐料的角度取名。主料还是茶，泡茶方式还是如此，加了其他材料后，也有了新名字。糊米茶，需要把米放在罐罐里烤到色黄，最好是用糯米，更香。没有糯米，普通的大米也可以。

扫把叶则是将扫把草借助火力萎凋，扫把草有治疗肚子疼的效果，当地老百姓都将其当做药引来喝。

我们观察，发现各地的雷响茶在冲泡工具上也有所不同，像那赛这样的地方，老人都还是喜欢用土罐罐来烤茶，但是到了西半山，许多人已经用上了锡器与铁器。主要的原因是，家里不方便用柴火。

锡器与铁器都可以直接放到电磁炉上使用，土罐罐就不适合放到电磁炉上使用，盖了新居的人家，也不是每一家都会像李尚金这样为了嗜好特意再加盖一间小屋子来烧柴火。

火塘的逐渐消失，让传统的雷响茶再难发出雷响声，曾经火塘边无处不在的罐罐也要努力寻找才可以发现其踪迹。

更何况，现在另一种新式的泡茶法——功夫茶正在茶山上的茶农家兴起。

我们去的许多茶农家里，都摆着整套功夫茶茶具，在小户赛一个小卖部里，看店的老年人说自己不会泡茶，连怎么加水都不会，她赶紧打电话给女婿，让其回家泡茶。

而我们到达小户赛的第一天，吓到我们的不是他们家新建的气派的房子，而是他们家漂亮整洁的茶室，无论从哪方面看，档次都不会低于都市茶室的水平。她的女婿熟练地为我们泡功夫茶，说起茶性来头头是道。

我们来到村委会办公室，里面的人几乎都用方便的飘逸杯泡茶，这种泡普洱茶的工具在大城市非常风靡，方便简单，适合人多的时候冲茶。

也有一些人对雷响茶的大规模减少感到惋惜，说应该向茶客推广这种泡茶方式，但都市里的人，哪里见过柴火啊？昆明现在连柴烧鸡都不准做了。

老派的雷响茶，是茶山上的老人们获取营养的重要食材。"要是不喝一罐，一天没有精神。"这是我们接触到的雷响茶成瘾者都会说的话，我开始也觉得这真的很重要，但后来他们劝酒的时候也说，不喝小黑江，一天没有精神，我就有些动摇了。再后来，他们发紫云烟的时候，也说，不抽烟，咋个有精神。于是我已经开始寻找他们喝雷响茶的另一些动因。

我们在调查中发现，东半山许多人喝茶都会追溯到六代之前，因为这里大部分汉族人的先人是那时搬迁来此就定居在这里的。而在西半山许多拉祜族寨子里，许多上了年纪的人都说自己不喝茶，

即便现在也是只做茶，不喝茶。反而是年轻一辈，都在积极学茶、喝茶，他们与外界接触得多，也都识字，知道怎么与外地人打交道、做生意。功夫茶在年轻群体中流行，就是这个原因。

东半山许多寨里的老人都会谈到瘴气，那赛村下辖的村寨正气塘，以前就叫作瘴气塘，说这里的水有毒，饮者必死。

李尚金说瘴气并不像外人说的那样，纯粹是外地人的想象。他大哥就是死于瘴气、不到30岁就不在了。"去坝子里赶街，回来就打摆子，一哈（下）冷一哈（下）热，没有多久就死了。"老人叹息道："我们从小就被老一辈告诫，不要沾到早上的露水，露水有毒，若是不得已出门，出门前一定要喝一壶雷响茶，因为到了坝子里，是不能喝当地的水，吃那边的食物的。只要喝了当地水，吃了当地食物，沾了早上的露水，就一定会中毒。"

不仅是他大哥，村里还是其他人因为忍不住喝了冷水，中毒死了。他们反复烤茶，饮用开水，难道就是为了防止中毒？

著名教授陈碧笙常年在云南南部行走，1939年还到省立双江简易师范学校做过演讲，他总结当地边民的习惯时，总结出"四不主义"：不起早，不吃饱，不洗澡，不讨小。前三者都与瘴气有关，早起雾大，露水多，起得早会沾到。吃饱了，饭饱神虚，瘴气会入侵。洗澡更是不行，会沾到冷水。即便是洗热水澡，也要脱光吧？一脱光，瘴气就会乘虚而入。不讨小，就是不讨小老婆，这是养身之道。

我们在考察正气塘到博尚段的茶马古道的时候，在入口下坡处发现一个水源地，泉水清澈冷冽，从勐库一路翻山越岭而来，确实需要补给点水，更何况，这里的午后，酷热难当。我们终于忍不住喝了这眼泉水，确是清冽解渴，带路的李文清忽然想起了什么，他在路边揪出几把野草，说这叫猴子背脊草，为了防止喝冷水拉肚子，大家还是吃点比较好。

一路上，他为我们介绍了各种草药的功效，白虎草是消炎的，野蒿和猴子背脊草是利尿的……

与治疗肚子疼相关的草药出现的频率比较高，扫把茶中的扫把草，主要功效也是治疗拉肚子，这些都与水相关。当然，不要忘记了我们一路讨论的茶，也是良药一副。

历史学家布罗代尔说，饮用热茶是人类文明的一大进步，麦克法兰强调饮用茶对消除疟疾有帮助，并带来人口的繁荣。小小的一杯热茶，确实为我们带来了许多好处。

勐库大雪山访茶记

勐库大雪山，老桂花树下。

歇脚时，听说才走了行程的四分之一，有人便说，不想走了。我说可以啊，就这样返回去。他转念又觉得不好。

有啥不好的！王子猷雪夜访戴安道，不也人没有见到就回去了吗，这个叫兴致。

再说了，当年佛祖走出王宫，翻山越岭，在菩提树下休息，打个盹后，觉得走不动了，也不想走了，再走下去有啥意义？

翻过此山，还有无数山，错过大茶树，不也见了这桂花树嘛！于是他顿悟了！

孔子周游六国，穿烂126双鞋子，忽然停下来不走了。他明白了，再走下去，不过是多一些里程而已。

来过，看过，想过，也够了。

可是她说："不行，要走下去。现在感觉走不动，也许再走下去，身体就恢复过来，就适应了。"说得没有错，这棵老桂花树，真的很老、很大，我第一次见到这么大的桂花树，感到心满意足。不要说这棵，这一路来，我从来没有见过这么多古老的树，可是我毕竟不是为了这些树来的。

"我来这里是为了看大茶树，现在一棵也没有见到，我怎么能下山？我已经飞了4000公里，转了三次机，就是为了来看看大茶树。"

这一路，不艰险，就是泥泞了一些。

去冰岛的路上，微信上步数是颠簸出来的。走大雪山，是脚丈

10月，大雪山的茶花落了一地

倒下的老树上长出了苔藓，苔藓上长出了蘑菇

量出来的。

山下，有泥石流堵路；山里，堵路的是大树。

迎面来了两个人，说前方一华里（一华里＝500米）处，有大树阻挡去路，只有折返。大家有些不安了。男人说："我们本来就走不动，遇到这样的情况，就找到好的理由返回来。你们一定过得去，你们多年轻力壮啊。"

于是，我们喝两口可乐，继续前行。

穿过落雨区，穿过一道道山溪区，终于有一段干燥的路面。树木很肆意地生长着，苔藓爬满枝头，树洞在招手，来吧，说说你的心事。路边像花朵一样的野生菌，娇艳得让人忘记它们携带着致幻物质。

  我捡了几块像五花肉一般的石头，剥开土，它们散发着油性。山上裸露的石头，都像溶洞里的那种，学名叫什么就不知道了。每次过山溪的时候，一群人都希望找到鹅卵石那样手感好的石头，最后也是非常失望。

  又遇到来山里找牛的老乡，问老茶树还远不，他们笑着说，不远不远，就在前面。于是继续爬行。这里有牛。我们这群人中的向导罗正菊是当地人，她解释说，她们当地的牛都野放在山里，需要用牛耕地的时候才来找回去。怪不得一路上都有看到牛粪、马粪，之前还以为有人骑牛、骑马进山呢。

大雪山上的茶花散落在泥土地上

罗家在小户赛，正对着大雪山，从那里上大雪山直线距离更近，她开玩笑说，下山的时候走不动，滚都滚得到。但我们选择的路线是从大户赛上来，这里发现大茶树后，政府专门成立了一个管理站。上山的人群的出发地也被集中到了管理站，车辆停放在这里。一座山，因为有大茶树，被整体保护起来。茶树分布在这里，零零散散，我们一路可以见到的不超过 20 棵，不知道有没有人统计过这上万亩的原始森林中到底分布着多少棵野生茶树。

我们说着茶树，接着就看到了。也许是听到的，前面已经有欢呼声。他们看到了一棵古茶树。在森林里，这也是一棵很普通的树，如果不是挂了鲜明的牌子，人们很容易从它身边闪过。这个季节，茶花在开，落英缤纷。我们会因为对花的喜爱，抬头看看这棵古茶树，看了之后依然不觉得它有任何神奇之处。花看相一般，还不及野生菌。花不香，要比香，还有桂花呢。见过古茶树的人太少，很难有一个共同的经验，或共同的话题。

野生古茶树84号
中文名：古茶树
拉丁名：camellia sinenesis
横坐标：17582140
纵坐标：2622092
海拔：2573 m
胸径：0.26m
树高：12m
冠幅：7m
生长状态：良好

写这个的人，肯定是自然科学家，全是科学语言的描述，没有任何想象的空间。也许这是福柯喜欢的调调。唐代，博物学家陆羽说，南方的茶树很高，老百姓摘不着茶叶，就要砍枝。砍多了，到宋代就看不到大茶树了。明清之后，很少有人谈到茶树的高度，直到近百年来，为了与印度争夺世界茶树原产地的称号，大茶树才被人重新提起，云南茶也开始被人重视。但还是关注其植物学上的价值，不是产业价值。

茶在中国的文字里，很少有干巴巴的语言，尤其是宋明时代。我非常着迷于张华的《博物志》，段成式的《酉阳杂俎》以及刘义

古茶树的"身份证"

庆的《世说新语》，他们写到植物、动物、人……文字中都存在着极大的诱惑以及想象力，比如龙涎香，寥寥数语，一展开就是《香水》的叙事。而不是像今天科学说明那样，冷冰冰地说，它来自哪，产自哪，恶心的分泌物里有致命致幻的香气，但抹香鲸毕竟在深海，我们在深林高山。山林有山林的玩法，猫屎咖啡、东方美人茶，虫屎茶，千年古树茶……

我们已经越过了倒地的大树，穿过了新辟的小路，带着满身泥浆，来到2号古茶树前。热衷拾落地茶花的人，已经捡了一大袋子；热衷摄影的，相机内存被占去不少；热衷爬山的，已经跑没影儿了。到了这里，人群被体力分割成十几个小分队，而我们这队也不过近30个人而已。"一号野生大茶树"的档案要详细得多。

基围 3.5m，胸围 3.1m，胸径 104cm，树高 25m，枝下高 1.6m，冠幅南北长 1.4m，东西宽 11.9m。主枝在 1.6m 处分为三叉。海拔 2700m。分枝密度中等，一芽二叶长 6.5cm，一芽三叶长 7.5cm，芽和嫩叶浅绿色，均无毛，鳞片黄绿色。无毛，叶椭圆形，长 13.8~16.5cm，尖端渐尖，叶基楔形，叶脉无毛，侧脉 9~11 对，锯齿明显，叶质较软，叶面隆起，叶柄长 0.5~0.7cm。

长满青苔的古树

大雪山的古茶树，就隐藏在密林中

科学语言描述完，下面是定语：

勐库大雪山野生古茶树群落是迄今为止发现的世界上面积最大、海拔最高的野生茶树群落。

一号古茶树在野生茶树群落中从年龄、树形等各方面看，比起其他古茶树，都是首屈一指，从而被命名为一号，有2700年的树龄……

这段文字出自另一批人之手，有着浓烈的骄傲情绪，他们看到了大茶树，也看到了荣耀，更看到这些树对于这个地方，非常非常特殊的一面。

说说吧，你都见了些什么人？

爬满青苔的树桩沉默。

横躺着做台阶的木头沉默。

上面蘑菇群发出爽朗的笑声："我们不会告诉你，除非你拿一个秘密来交换。"

我蹲下去，用高清相机对准它们。

"我要带走你们的灵魂，我说到做到。"

蘑菇们惊慌失措，相互推搡，很快就消失在缝隙里。

树桩吐出了才咽下的茶花，黄色的花蕊，白色的花瓣。

就是这样了，是你们出卖了大茶树。

很多年来，大茶树在这里自生自灭，但茶花似乎并不甘心与朽木为伴，它跳脱出来，轻飘飘地来到人的脚底，"看一眼吧"。有一天，一位茶农走过，像往常一样，他希望在这里可以发现麂子、野鸡，也许他只是为了寻找走丢的牛，可是他踩到了一朵花，他捡起来，发现这花很眼熟，就像家门口的茶树开的花，于是他猛然警醒："难道这也是茶花？"他抬头，注意到眼前过于高大的野生大茶树，他看不清树梢的样子，他想摘一片叶子都很困难，所有鲜活的树叶都离地十几米。于是他再次捡起落地的花朵，还有一些风吹落的叶子，"啊，这是茶叶"。

在这大山里，居然还生长着如此高大的茶树。
那一年，大雪过膝。
那一年，许多植物没有熬过冬天。
那一年，冻死的植物让出了路。
古老的茶树，再次成为幸存者。
却也为此付出代价。

说说吧，科研工作者。

他围绕着大茶树，来回走了很多圈。他身材高大，可以摸到一些枝干。在一棵幼小的茶树前，他俯身下去。是分支，还是种子长出来的？他要对比下。临近冬天，茶花还盛开着，是在冬天开，还是开了好几季？茶果呢？是什么样子？大茶树修订着他熟悉的茶树知识，在这样的森林里，在海拔这么高的地方，在这么冷的地方，大茶树要存活下来，需要与周边植物竞争。

长满苔藓和蘑菇的树桩

来大雪山朝拜的茶人，给古茶树进香，森林里严禁烟火，所以香并没有点燃

"茶叶没有毛，做出来的茶黑漆漆的，没有光亮。为了生长，大理种要丢掉所有占用过多营养的东西，也就是人会喜欢的东西。他们不用讨好人类，只要讨好自然。树干如此笔直，与其他植物一样，必须伸长脖子往上长，才能吸收到更多阳光与水分。"说到这里，他顿了顿。这是他的习惯，总要整理下思路。

"大理种在品饮中，已经被人类淘汰了，因为不好喝。这是茶树自己的选择，一旦有用，厄运也许就会接踵而至。"他想到达尔文的同时，又想起了庄子。

一路走来，他看到了山溪，看到了沿途的茶树分布。他看不到村庄，可是他正是从村庄而来，从这里到村庄，人走路不过一两个小时，但茶走出去，需要多少年？这里是从什么时候开始大规模的人工栽培？茶树是如何扩散的，现在的茶学知识显然没有强大的说服力。

这些年，他在茶山不断往返，今天他灵光一闪，忽然明白了，勐库这个地方的茶种，为什么在茶种那么频繁互植的过程中，依旧保持着这么高的纯度。植物在竞争，人在选择，最后的结果，就是优中选优，生存下来的，就是最好的。在这棵大茶树下，他解开了心中长久以来的疑惑。

说说吧，你到这里的感受。

女孩子脱去蓝色外衣，露出里衣鲜艳的色彩，她整理了杂乱的头发，来到镜头前。"这太神奇了，超乎想象的神奇，我觉得也算是朝圣了吧。"一个爱茶人，如果没有去过勐库大雪山，没有在那里亲眼看到古茶树，没有感受过原始森林里古老的气息，在喝茶时就会少了很多气势。

你想，你在茶台前鼓吹自己多么爱茶，多么专业，别人来一句，去过大雪山吗？你做何等感想？我亲身经历过。那种情景，就像一个唐代僧人正襟危坐着在讲经，忽然进来一个人，说自己刚刚从印度求法回来，并掏出一个菩提子……

"这一年我到勐库4次，每一次都因为天气原因没有到大雪山，

大雪山上的枯木桩

大雪山的参天大树

今天，了了心愿！"

在一号野生茶树前，供满了红颜色的香，他们没有被点燃过，保护区禁止烟火。大户赛的茶农说，没有发现这棵古茶树之前，他们在村寨里拜祭，就在上来的路边，就有茶神庙呢。现在，当地人有时间就会来看看。

"看了，才会安心。以前我们做茶不那么自信，自从发现这棵大茶树后，我们自信了很多"，他说。何止是他，自从云南发现野生大茶树后，吴觉农自信了许多，云南人自信了许多，中国茶人自信了许多。而所谓的朝圣之旅，不都是这样吗！云南有长寿的茶树，也有活到茶寿的人，现在，我们要创造出与之匹配的茶文化才行啊。

广州喝茶记

斗室生活馆

广州热，有风扇。

近海，有海鲜。

嘴咸，有茶。

君子既来，淑女岂能缺席？

瞿逢向来好风雅，风雅里头，有讲究。

柴放进火炉之前，

要请雕刻大师好好琢磨一番。

鸡蛋被敲碎之前，要请绘画大师笔墨伺候。

这来自管子古道热肠的记录啊。

瞿逢，

你一听就知道，

他一定有些胖才能镇住这名字。

柳宗元收到韩愈的诗后，先以蔷薇露灌手，

薰以玉蕤香，然后发读。

闻香才能识书。

据说瞿先生读完周先生的书，

一周连赴 8 局，只为美人。

还是识书闻香。

所以今天自然有美人。

她端坐，众人皆坐。

她举案，众人皆饮。

她叫童童，与童姥相去甚远。

她问，×××如何？

仅会拍照而已。

她再问，××又如何？

谋生而已。

接着再问，××呢？

小丑罢了。

老祠堂，恰好适合说些不正经的鬼话。

瞿逢时不时需要喝几杯，润润嗓子。

所以他举杯，先敬鬼神。

瞿逢觉得自己越来越像个老师。

在俏丫鬟撕扇子的时候，他有菩萨低眉。

瞿逢觉得自己越来越像个老爷。

在莽汉糟蹋金斗玉斗的时候，他有金刚怒目。

瞿逢觉得自己越来越像个老哥。

在好友相聚酒酣耳熟的时候，他有尼姑思凡。

瞿逢觉得自己越来越像个老友。

在气温骤降话题爆冷的时候，他有笑话一筐。

瞿逢觉得自己越来越像个老优。

只有我觉得他是老板。

只怪桌子太小。

贵州茅台。

安化黑茶。

保靖黄金茶。

湖南香肠。

广东海鲜。

还有冷笑话佐酒。

还有琴音。

宾主间频频举杯，琴声叠出，妙音难消。

只能散了。

殷总茶室

每次去番禺殷总家，都会被人气吓到。

小小的房间，挤满了人。

这些人，有吸血的资本家，有过气的明星，有吃素的禅修者，有老茶贩子，有被主人嫌弃的丫鬟，有失势的官员，有带枪的警察，还有伪装成大师的末流学者……

他们都围在殷总家，喝过期的茶！

茶好不好喝？想当年，花了百把万玩这个茶。

茶杯还入得眼？这个可是豇豆红啊。

认识殷总以来，他搬了两次茶室，都是在极为复杂的楼里，但大家总能闻着茶香而来。为了喝这杯茶，蒋总在小区里买了房子，殷总好茶多，又舍得分享，可以蹭一辈子。这品性我喜欢。

我经常说，我还需要藏茶？难道你们藏的茶舍不得给我喝？我可是真没有茶呀。

再说就有些哀怨了，还是殷总好。

简之搬到番禺上班后，把殷总这里当作了待客厅。反正我们每次会面，都是在殷总的茶室。

殷总是那种你看一眼，就会感觉气温上升的人。

他随便丢出一块茶，诺，清代的。他敲下一块茶砖，民国的。

他送给我的茶膏，据说年代更久。

几年前，他半夜去白云机场接我，吃宵夜时塞了一个包给我，我打开一看，是钱耶！我苦着脸，说不出话来。他说严重了严重了，想着你要在广州那么多天，带点钱方便。

第二天他拉着我，开了1个小时的车，再等了个把小时，终于让我吃到他最喜欢的一道菜，嗯，是什么菜我忘记了。

　　他请我住公寓，老板问，几个人呀。他说一个。一个住那么大？我进去一看，果然大。有四五张床。

　　他请我住酒店，店员问，几个人呀。他说一个。他说，我是来开房，与你们老板熟，怎么会是2个男人住？不管了不管了。我住进去一看，还是大，大到从沙发走到床，就会累得想睡觉。

　　上个月他来昆明，说我们见一下。果然只是见了一下，他就走了。

　　他来吃菌子，吃完就回广州。据说他特喜欢吃毒性很深的见手青。

　　见手青中毒后，会看到许多小人人。

　　这想必会让殷总很失望，他最不缺的就是人，很多人。

　　殷总是江西人。我周边的朋友，最多的就是江西人，其次是安徽人。

红茶哥

我在 Mr. Tea 看复刻版的法门寺茶器。

2012 年我在法门寺开会，第一次见到实物的时候，很是惊叹。今天第一次看到 1:1 复制品，也很惊叹。唐代喝茶，何其繁复，何其讲究。

四五位年轻的茶人兼奔驰车主在喝茶。大家聊茶山，聊商业模式。

普洱茶从云南来到广东，而喜茶从广东走向全国。

茶业从业者越来越年轻，喝奶茶的就更不用说了。

正嗨。

忽然听到马达声沓来。小黑很警觉地看着窗外，他对汽车很着迷。

其他几位也是。于是他们决定出去看看。于是就看到红茶哥从车里走出来。

他们太震惊了，说没有想到真的有人买了这款奔驰。买这款奔驰的绝对是真爱。因为这个价格，可以买宾利什么的。

我是车盲，以为奔驰嘛，都差不多。他们摇头，毕竟是奔驰S65啊。

好吧，车咱暂时不提，就喝茶。

于是什么牛肉马肉，什么茶王树、薄荷塘……

毕竟是在人家店里，主人也要表示表示。

接着我们就喝到了"天香一号"。几个小伙伴喝了几杯，连口说，"我晕，居然有茶气"。

哈哈，哈哈。之前大家一直说茶气只存在某些茶中，但绝对不包括广州红茶。后来茶业复兴编撰土豪有钱也喝不起的茶，把"天香一号"收罗进去，无他，此茶一年只产几两，也因为那场动人的体验。

广东是茶的消费大省。可是凤凰单丛这样的茶，不知道是啥原因，很少会与广东联系起来。英德红茶是云南大叶种的后裔，普及的也不是很广。而红茶哥的丹霞天雄红茶，在韶关。那里的喀斯特地貌似乎更加有名。那里雄赳赳气昂昂的山更有名。

红茶哥也知道啦。

得请个名人。

马克·塞尔比？

对，就是那个打斯诺克的。据说赛尔比以前打球很磨叽，但自

从喝了丹霞天雄的茶后，手脚就麻利起来。这是奥沙利文悄悄告诉我们的。

马克·赛尔比在丹霞天雄的茶里感受到了茶的价值。

我坐在 S65 的副驾，感受到了车的价值。一减速，一拐弯，靠背就自动调节顶着腰，很是舒服。难怪那些小青年会忽然有了奋斗目标。这些年，我的朋友一个劲劝我，要培养一个花钱的爱好。而男人最花钱的，就是车吧？

就在我准备向他讨教怎么赚到一辆奔驰 S65 的车钱时，红茶哥很兴奋地告诉我，今天卖茶赚了几百。"还有一个大单，要 100 多罐啊,小弟。"他眉飞色舞地跟我讲。就在昨天,因为有人喜欢,他还送出去了几十罐。

一个身价几百亿的地产老板,为赚了几百的茶钱而感到幸福,我大约理解了这个行业为何做不大。卖茶,太容易满足了啊。卖家遇到自己喜欢的茶,一个人就喝完了,哪还舍得卖?

多年前,红茶哥投资这个公司的时候,也是因为喜欢喝他们家的茶。

私聊

与褚时健、季克良聊烟与酒

季克良与褚时健两位老人从一见面，就紧紧握着对方的手，慢慢从堂屋走到客厅，入座到宽大的苏联式沙发后，两位老人的手还在紧紧握着。

不断有人上前问好，合影，他们的谈话也一次又一次被打断，但紧握的手就是不曾松开。

两位属兔的老人，刚好相差一轮。褚时健今年88岁，季克良76岁。一位是"烟草大王"，一位是"白酒大王"，两位大匠缔造了两个商业帝国。

褚时健对季克良说：茅台做得好啊，没有茅台酒，中国人的日子一天也过不成。年轻的时候，褚时健是做过糖厂老总的，也一直有做酒的心愿。

　　季克良对褚时健说：褚橙做得好啊，我有买着吃。今年的挂果了没有？一定要去褚橙庄园看看。

　　他们说起一些旧相识，一些共同的经历。褚时健的儿子褚一斌拿着老相册，提醒着他们对往事的回忆。

　　褚时健说：我们这代人磨难太多了，一年一个变化，三年一次运动，现在太幸福了。

　　季克良把自己签好名的三十年茅台酒送给褚时健，褚时健说，他喜欢茅台2斤装的一款，不知道现在是什么情况？

　　今年，因为身体原因，褚老已经不怎么抽烟喝酒了。柏联庄园的刘湘云则带来了自家的普洱茶送给褚时健，我带来了我写的书。现在的问题是，烟酒茶三个产业，烟草不多说，已经是很大的产业，酒也不多说，但说到茶，就很尴尬，比如今天，虽然也有茶企业家在，但规模嘛，就……

　　季克良说：我有一个梦，希望茅台能走向世界，生产出东方的茅台和西方的茅台。现在茅台是全球蒸馏酒第一了，日本威士忌做得很好，全世界都在喝日本威士忌，我们也有自己的优势，茅台要做出特色来，做成世界范围内的"中国威士忌"。

　　很多年前，褚时健就说，云南有两个叶子，做大了就都是大产业，大叶子是烟叶，小叶子是茶叶。褚家也在做茶，做茶团队，我已经接触过。他们选择了相对辩识度高的红茶，选择了性价比高的昌宁。即便是大佬，做起茶来也是小心谨慎的。

在柏联老茶会所茶聚，季克良先生在认真品茶，他对香气非常敏感。因为他对云南沱茶有极为深刻的印象，当天刘湘云为他开了一泡老姑娘茶（沱茶）。

季克良对云南茶印象最深的是沱茶，在柏联老茶会所品一款老沱茶的时候，他说有木质香。在另一款景迈山老树茶里，他闻到了茅台酒的香味。

茶叙后，褚时健把我们带到院子里，午饭的主食是烧饵块。这里是一个植物园的所在，有四只鹦鹉，一只会问好，另一只会唱《学习雷锋好榜样》。

褚时健与妻子马静芬、儿子褚一斌一起为大家烧烤，许多人第一次吃烧饵块，美味令人胃口大开，事先准备的不够吃，又出门买了一批。

褚时健边烤边说，烤饵块的时候要用心，不用心就烤不好，火一大就糊了。

蘸着马静芬老师做的杂酱，大家都吃了一块。

蘸着褚时健亲手剁的干巴菌，大家又吃了一块。

今天吃的干巴菌，是褚老亲自一刀一刀剁出来的。他在厨房指挥厨师调节温度、下辣椒。刚上市的干巴菌，洗与切都要求很高，它是云南野生菌中的上品，价格昂贵。

蘸着腌好的牛肝菌，大家再次吃了一块烧饵块。昆明街头，有一家"英凤烧饵块",每天都有人排队等吃。

加上各种鸡脚、鸡翅膀与烤鸭,几轮下来,都吃得七八分饱。

这个时候,马静芬拿出两瓶蜂蜜,说这是荔枝味的,不吃后悔终生。

于是季克良自己坐到烧烤台前,烤了一块,边蘸蜂蜜,边赞好吃。

受不了马静芬老师强烈推荐的荔枝蜂蜜的诱惑,季克良先生自己烤了一份饵块,这是他第一次吃饵块。

但大家实在吃不动了,只能从季老手中分食一点点。

这个时候,马静芬又说,我们家做的鲜花饼,云南第一好啊。

你们吃不下,没有关系,我有消食的酵素,我亲手做的。

一下子,大家恨不得再多一个肚子。

马静芬已经 85 岁了。

马静芬老人家精神好,说话风趣。

看我们在一边拍啊拍,就说要将照片也装到她手机里。听说我们建了一个微信群,她也要加入。

她反复提醒拍照的人,小伙子不要太近哦,太近有皱纹。

她问李克:"你怎么穿着我们的衣服?"

他马上懵了,赶紧说,这是中式礼服,他是为了见几位老人家,特别制作的。

一群追求味蕾极致的人在小院午餐,大快朵颐。

为了安排这次会面,李克准备了大半年,他去了贵州好几次,

来了云南好几次。他反复问询两位老人的行程以及身体状态，能不能坐飞机，能不能坐车，还抽烟喝酒品茶否？

有人建了一个微信群，把大家都拉了进去。他把名字定为"中国烟酒茶顶级群"。

这个时候我才注意到，季克良也用微信啊。

我问李克，这个名字拿捏得住？

他反问：你说呢？！

一生一聚，褚季高峰会！

与陈海标聊普洱茶仓储

越来越多的消费者，都在关注仓储。茶山原料，随着资讯越来越透明，其信息从开春就不断呈现出来。但关于仓储，却似乎云山雾罩，各说各话，卖家依旧是话语权最大的掌握者，普通茶客根本无法一窥究竟。茶业复兴于 2016 年，开启大规模的仓储访谈，回答一些消费者的问题。

以前，普洱茶一直强调消费。而实际上，完成普洱茶的购买只是完成了第一步，现在要做服务，对后续的仓储负责。

从茶山到茶仓，其实就是从消费到品饮。普洱茶出厂后，茶品存储过程中转化好不好，到底由什么来决定？仓储过程中到底应该通风，还是应该密封？

谈到普洱茶的仓储，有必要追溯其历史原因。早期普洱茶的消费区以香港及东南亚为主。这些地方的气候温暖潮湿，普洱茶经过长期自然存放后，滋味和气息都发生了重大变化，当地人喜欢喝。

香港 20 世纪 70 年代兴起了技术仓，取代了长时间的自然仓储。通过入仓及退仓的手段，使茶品经过五六年的时间达到当地人习惯的口感，提前上市销售。香港这种做仓方法，是有严格操作步骤的技术活。但这种做仓方法，虽然加速了普洱茶的陈化进程，却对其内质造成了无法弥补的伤害。同时，经过入仓的茶也会变得不那么干净。

陈海标

　　早期香港有刚入行的茶商因不懂入仓技术，就没有对茶品进行做仓处理，保留到现在反而成就了干仓XX青。也有人尝试瓦房仓储，防空洞仓储，海边仓储……云南还有人去元江仓储，以为在高温高湿的地方就会藏出好的普洱茶，但效果呢？之所以有五花八门的仓储，首要原因是没有理解仓储的核心要素。

　　那么，仓储的核心要素，即普洱茶转化的核心要素到底是什么？陈海标认为，决定茶品后期在仓储过程中转化快与慢、好与坏的关键因素在于茶品含水率，而非外部环境的温湿度及氧气。

　　茶品含水率，顾名思义就是茶叶中含有水分的比例。陈海标说，为此斗记花了许多年时间，做了大量实验，来研究含水率问题，同时还有与之密切相关的松紧度与转化率问题，以及仓储环境是通风还是密封的问题。

首先，茶品含水率越高，微生物活动就越频繁。红茶、绿茶含水率要求在6%以下。绿茶要保鲜、低含水率，目的是不能变化。检测含水率，不是检测外部，而是检测茶品本身。在广东、香港仓储普洱茶，为什么会转化快？主要是外部环境潮湿，茶吸了潮后，内部含水率升高，微生物活动频繁，含水率太高后茶还会发霉。

一些人认为，散茶转化快，是因为裸露面积大，与空气接触多带来的大面积氧化，其实也不是这样，核心问题还是含水率。大面积暴露，含水率受外部环境影响大，不停地随环境发生变化。相对于紧压茶而言，散茶的香韵不易保存。

藏茶的人会有这样的经验，你打开一个仓储的密封环境，香气会扑面而来。但是你把这些茶同样放在一个稍微大的环境里，几乎都闻不到香味。

重林插话：我办公室里摆放的茶，远远多过在家里存放的，但几乎闻不到那种浓烈的茶香。我每次去到茶马司，一进门就闻到茶香。因为茶马司有几百箱乃至上千箱茶。不过，我回家后，打开我置放茶的柜子，尽管里面只有几十饼茶，也同样香气扑鼻。

为了说明密封环境对茶香的影响，标哥离开了一会，拎过来一件斗记茶。他用刀划开包装，我低头一闻，哎呦，同样香气扑鼻。为什么我在打开其他成箱的茶时，却闻不到这么浓烈的茶香呢？

陈海标解释说，因为他们的包装箱。他提醒我注意看，斗记的

纸箱都是覆膜的牛皮纸箱，无论是大件，还是小件。同时箱子四周
用封箱胶密封好。覆膜和密封的主要作用就是让普洱茶在存贮过程
中尽量保持含水率稳定，茶中的水分不要增加，也不要减少，同时，
也阻断了香气的流失。

在纸箱上，他还特意留了几个调节孔，在仓储过程中可以封住
或打开，进行调节。这样设计的箱子无论放在哪里，都不受外部环
境影响。斗记从 2009 年开始全面启用这种覆膜密封箱，至今已有
七八年了，经过实践检验，证明这种包装的效果非常好。

陈海标说，普洱茶仓储过程中保持 10％左右的稳定含水率存放
效果最佳。斗记普洱茶出厂时就已控制到 10％ 的含水率。

我们的研究结果表明，在同样的含水率下，散茶与铁饼转化是
相同的。在斗记百万茶会上，很多选手都栽在了斗记首款铁饼岚风

斗上。他们就是想当然以为，铁饼转化会比较慢，可事实正好相反。这款 2013 年末上市茶品的转化效果，非常有力地佐证了紧压茶的松紧度与转化率没有关系，起关键作用的依然是含水率。

最后，主流观点认为仓储普洱茶要大量通风换气，陈海标说这是错误的。

来自红酒储藏的经验告诉我们，红酒瓶盖子不是密封的，天然软木塞既能密封瓶口，又不会完全隔绝空气。用软木塞就是为了保证空气的小流通。同理，普洱茶仓储中同样只能允许空气的小交流，而非大流通。大量通风时，会有异味入侵，会导致含水率变化，最重要的还会导致香韵流失，这对以越陈越香为仓储目标的普洱茶来说，是非常重大的损失。

目前，普洱茶资深的消费者，已经开始关心仓储问题，而不是山头茶，也已有许多茶友用斗记的覆膜箱来存茶。

与杜国楹聊小罐茶的爆品秘诀

1

　　世间有两种人，一种人丢骰子，一种人下围棋。

　　丢骰子的人，是运气特别好的人，出豹子的概率极大，赢面便大。

　　下围棋的人，完全要依赖自身手艺，比计算，比深谋远虑。

　　这两种人我们都熟悉，李白就是那个运气特别好的人，而杜甫则是手艺活好的人。

　　在去北京的飞机上，我读完江弱水所著《诗的八堂课》，心想，杜国楹是哪一种人？是丢骰子的还是下围棋的？这年头，伟大的诗人在产品故事的叙事里。

　　小罐茶讲述了一个很具中国特色的故事：好山好水，一地一人一罐一茶。

2

　　出发前，我说要去拜会杜国楹时，听到的人并没有反应。可一听说他是小罐茶老板的时候，大家有些骚动。小罐茶，加上传奇一般存在的背背佳、好记星、E人E本与8848手机，让杜老板身上顿时多了许多神秘色彩，大家顿感脑容空间有限，没有人能够做出那么多成功的单品，除了杜国楹！

我们这一代人，几乎是伴随着这几款产品成长，在座的王郑椒说，小时候用背背佳、好记星，长大了用 E 人 E 本，喝小罐茶，去年差点买了 8848 手机，他是王石的死粉，亏在万科股市上的钱够买很多部手机。他说了一句有意思的话，难道我的人生就是被杜老板设计好的吗？

我说，等我问问他。

在与杜国楹会面后的第二天，我去《知日》编辑部与苏静会面，借花献佛送了他一条小罐茶，苏静看着产品忽然问，能加个杜老板的微信吗？我在争取杜老板同意的时候，杜老板发了一张照片来，正是《知日》第 39 期，还能说啥，定交呗。

当然，我们一见面，杜老板就说《茶叶战争》的阅读心得，就说《绿书》"绿底白字"看着虐眼，他谈产品形式，又说产品内容。名片上他的介绍，是老板，又是产品经理。一个老板，经商那么繁忙，还不忘记天天读书，真的是很励志。我是那种读书，读着读着来经商的，就有点不务正业了。

不过想想杜老板亦是老师出身，就平衡起来。另一个著名人物马云，也是教师出身。

所以我们一会面，杜老板就真的做回杜先生，他准备了 3 个小时为我讲课，尽管听众只有我一人。课间有一个地方不对，他马上就感觉到，用的版本不对。我们从茶室到他的办公室，再到茶室，接着我们又在饭局上讲了 4 个小时，期间换了铁观音、茉莉花茶、龙井，最后喝的是滇红。

3

　　小罐茶花了很多钱做广告，主要解决茶最基础的认知问题，告诉消费者茶是什么。

　　一点都不夸张，许多人喝了一辈子茶，喝的都是茉莉花茶。而大部分人，是分不清红茶与绿茶的。就连杜国楹自己，在开始做茶之前的几年间，还以为红茶是长在红茶树上，绿茶是长在绿茶树上。即便是现在，他也依旧每天都要遇到分不清红茶与绿茶的人。他疑

惑啊，"这难道就是茶的故乡？"在一阵憋屈之后，他有了新的使命与责任。

要分清树种，要搞清楚发酵工艺，还要知道怎么去卖茶，怎么开店，怎么教育消费者……杜国楹觉得不对劲，有必要告诉大家那么复杂的茶叶知识吗？为什么不让茶简单起来？

茶一直在讲意外故事。红茶是绿茶的意外，黄茶是绿茶的意外……老茶是新茶的意外，故事扑朔迷离，搞不清……茶不是刻意被设计和开发出来的，这就与他熟悉的像手机这样的产品不一样。他知道怎么开发手机，怎么找消费者。所以杜国楹的思路也是：像做手机一样做小罐茶。

找后害的工业产品设计大师来设计小罐茶包装，再找这个领域最顶尖的制茶大师来制作茶。就茶来说，杜国楹找到的是西湖龙井制茶大师戚国伟、黄山毛峰传统制作技艺第49代传承人谢四十、中国普洱茶终身成就大师邹炳良等8位大师，他们每人为小罐茶做一款茶，而小罐茶只是告诉消费者，我们在卖一个有标准的好东西，这个东西是为你准备的。

"小罐茶，大师作"还打破了茶品类之间的界限，自身既可以做成品牌，也是产品品类。而在过去，茶界最棘手的问题就是，有品类，无品牌。

长期以来，茶产业，除了认知障碍外，还有产业链过长的问题，种植采摘归在农业，生产加工在工业，销售品饮在服务业，要整合三个产业简直是痴人说梦。

我其实听下来，观察下来，发现小罐茶之所以胆子大、步子大，是因为他们是真的茶业外行，没有任何顾忌，没有被惯性束缚住。

4

我家楼下有一个商场叫金格中心，专卖奢侈品，那些名为 LV、Gucci、Hermes、Channel、Cartier 的商品价格，让我每次路过都有敬畏之心。之前绕着走是担心媳妇走进去，现在绕着走，是因为周一一进去了就拉不出来，一楼的金鱼缸与三楼的游乐园都是她的最爱。

某一天，我带着周一一穿越金格中心去上班，按照惯例我们要在商场中庭看一会鱼，就在我们看鱼摆尾（云南方言中，哄孩子时将鱼称为"鱼摆摆"）的时候，我忽然看到前方摆着好多茶，那一瞬间仿佛被雷击中。什么？茶！这里居然开始卖茶了。

一个女孩子坐在那里，安静地泡着茶，当然，要不是垂直而下的条幅以及展架上都写着小罐茶，我真的无法确定眼前这些玩意是茶，无论是色彩还是样式，或者地方，都不太像是茶。真的，无论我之前喝过多少次茶，都没有想到会在这里看到茶。过去，除了三楼的儿童游乐园，以及门口哈根达斯是我光顾的地方外，我从未想过茶会出现在这里。所以，我忍不住要喝一杯。

于是我就坐下来，喝了一杯龙井，罐子很漂亮，绿茶很清雅。我有意避开普洱茶与滇红，很贪心地要了杯大红袍。我承认，召唤我的不是滋味，而是那个盒子，大红袍的包装实在太漂亮了。于是，我冒着要陪周——在游乐场待一天的风险，来到三楼，看一看小罐茶的卖场。

后来得知，小罐茶请了苹果 Apple Store（由苹果公司经营的连锁零售商店）的御用设计师 Tim Kobe（提姆克伯）做设计，在济南开了一个很高级的体验店，绝对超越昆明金格中心这个，我在网上看了看照片，嗯，确实不错，不过，昆明的也不差啊。

其实感受到被"雷击"的人并不只是我一个，这一年，小罐茶已经是年轻人口头上最热门的话题，与这一年流行的另一款网红茶——喜茶相比，小罐茶更被看做"破坏了传统茶"，于是 2016 年我们把小罐茶的亮相写进了年度茶界大事。

传统茶是什么？两字：老土。老，茶从远古而来，唯一从农耕时代存活到现在的规模饮品。土，过去的买卖茶的主体公司叫"土产畜产公司"，现在大部分还是把茶当作土特产卖。有人觉得茶是文化产品，产品介绍恨不得把华夏五千年文明史都装进去。这是中国年轻人抛弃传统茶的主要原因，"我没有那么老气"。

只有杜国楹说，小罐茶不做土特产，也不做文化品，我们是用消费品的思维做茶，做当代人，尤其是年轻人也喜欢的茶产品。把茶当作商品来卖，把茶当作大产业来做，把茶视为中国可以再度走

出去的强大符号。过去中国输出的三大贸易物质分别是茶、瓷、丝，但瓷器与丝绸早就衰落，只有茶仍然在当下活跃。

3600亿的茶行业，现在排名第一的茶企才15亿规模，小罐茶看到的是烟酒行业排第一的企业在烟酒行业产值的比重，占到10%就是百亿级的企业呀。

5

我一位朋友有些恨铁不成钢地说，学习小罐茶怎么设计包装有点难，怎么不学习下小罐茶怎么给产品拍照？后来我才发现，这个好像也不好学。比如，前段时间奔驰出了款概念车，后座就是一个茶台。不知道为什么，我第一个反应居然就是，这不会是小罐茶做的吧？这也算是中了头等舱、小罐茶、长官杯的遗毒。不要以为只有我一个人这么认为，我们发出奔驰把茶道搬入车里的稿子后，茶界大部分人就认为这是小罐茶干出来的事。

极致元素之间的匹配，开创出全新的生活链。

能够把我们教育到这一步，小罐茶真的了不起。所以，在2017年，许多人一面骂小罐茶死贵死贵，一面开始学习借鉴。是的，小罐茶在短短一年左右的时间，就创建了一个新的"物种"、新的类别，这玩意叫作小罐茶。

一个一看就明白的罐子，一个与其他几个罐子没有差别的罐子。里面装着一些茶。茶装进去后，茶业也就被刷新了，告别了过去。撕开小罐膜的时候，不仅开启了茶香之旅，还掀开了茶业新的一页。

这是一个标准化的商品，杜国楹用一个小小的罐子重塑了茶的形象。过去我们见过有故事的茶，见过有文化的茶，见过农产品的茶，但没有见过如此充满着浓烈工业美学的茶，尽管立顿茶已经很努力了，但我们从未承认袋泡茶是茶。

小罐茶传达的感觉就不一样了，撕开膜，茶依旧是茶，完整干净的茶，出自大师之手的茶。

哦，对了，小罐茶是我们从烟条盒子里取出来的。小罐只是杜国楹解决茶标准化的第一步。一条一条地卖，借鉴的当然是烟。烟酒茶嗜好品以及礼品属性里，茶实在是太弱。你到大街上走走，随便一个小店都可以买到 100 元的烟，可你能买到一袋茶吗？

日常的场景是，你拿出一包黄色的烟，我一看，哟，100 元一包的大重九。你又掏出一包红色的烟，我再看，50 元一包的中华。隔壁也有人抽烟，同样的红色的，我一看，22 元的云烟软珍。杜国楹说，他要做的事情，就是你看到包装颜色，就知道价格。而这，是过去茶没有解决的难题。不只是烟，酒也是，你带着茅台、五粮液、红花郎，一拿出来，别人就知道价格，但要是你拿出一泡茶，除了送你的人，谁都说不出价格。

小罐茶现在努力的，不仅仅要把茶卖到各大奢侈品店、shopping mall（大型购物中心），还要把小罐茶卖到各大烟酒专卖店，这才是最大的市场啊！

"要是有一天，有人来到小卖部，说给我来一罐茶，小罐茶也可以像烟那样，可以分拆卖，可以点名卖，小罐茶也就成功了。"杜国楹说到这里的时候，有些动情。

这让我想起来，我初中的时候，去买一根烟的过去。"我并没有要一直做高价茶，未来会有 200 一条的，一罐 20 元，就是一包中等烟的价格。"现在烟不离手的杜总，少年时一定有过买散烟的经历。他一直说，烟是毒品，现在早已是过街老鼠。而茶，是唯一会上瘾的健康饮料。

让茶成为商品，有价值且有价格，这是杜国楹要完成的使命，也是我从入行以来，许多高级场合都会说起的话题，但也是最容易烟消云散的话题。但毕竟，小罐茶已经迈出了重要的一步。

杜国楹说，就商品而言，美国的科技产品、欧洲的奢侈品都是广为人知的，而在中国，要做世界级产品，只有茶的历史和现实能够做到这点。但在中国，有人把茶做成了文化产品，有些人把茶做成土特产，恰恰缺乏把茶当作商品来做的。

我赞同他。

这也是我在《茶叶战争》里的观点，小小的茶叶改变了世界的面貌，近200多年来，世界上三个强大的国家，中国、英国、美国的发展都与茶有着莫大干系。现在，又是这小小的小罐茶，撕开了一个茶业复兴的局面。

6

江弱水为什么要把"博弈"放在《诗的八堂课》的首篇，他其实谈的是才能。我想杜国楹是那个丢骰子的人，运气好，赢面大，是李白那种天才，他一定不是棋手杜甫的后人。

与刘湘云说柏联普洱

早上六七点钟，普洱惠民镇。清爽，微风。

露水还未成珠，蜗牛还潜伏在泥土里，柏联有机庄园的茶园里，
已是人声鼎沸。他们在无意中划开蜘蛛网，解放出的蝴蝶、蚊蛾在
一边翩翩起舞，iPhone 传出的声音是贝多芬的《致爱丽丝》，晨曦
从枝丫间穿越而来，斑驳灿烂。

工作人员说："新鲜的叶子可以直接放到嘴里嚼，一会喝水，
喉咙会很舒服，甘甜美妙。"

她指着茶园里的树，告诉访客，茶树与其他树的区别。

香樟树有味道，虫子不喜欢，有香樟树的地点，很少有小生物。

有人第一次见到，便弱弱地问，普洱茶的樟香是不是就是这味？得到肯定后雀跃半天。

令他们欢喜的还有金鸡纳霜，它可用来做药。有人已经擅作主张，摘下了好几个木瓜在手。细心的人则认出了沉香、西南桦、旱冬瓜、灯台、印度紫檀、羯布罗香、梅子、小叶紫薇、大花紫薇、樱桃、海南黄花梨、金丝楠木。

我们小组摘了几朵小花，带着果子的茶枝，啊，还有芭蕉叶，喝茶时，置于身前，做茶托用，别有一番韵味呢。

踩着鹅卵石穿过茶园，绕过泳池，"柏联十周年"的大海报指引着我们进入柏联酒店的多功能宴会厅。修剪下来的茶枝安放到了每一张桌前，笑意嫣然的宾客已经入座。

茶庄园主人刘湘云致辞，十年前，她来到这里，看到茶园的第一眼就爱上这个地方。一草一木、一花一叶都在招手，召唤她来参与守护这片土地。如同多年前，她去和顺，在极边之地，在国境边陲，打造出中国第一的魅力小镇。

为了学茶，她花巨资构建了一个老茶会所，学习老茶的成本过千万，只是为了领悟出"舌底鸣泉"的曼妙之境。

茶树在这里生长，茶叶在这里制作，在这里窖藏，刘湘云说："做完基础工作后，剩下的就只有漫长等待，等树长大，等茶有了年份。"这一等，就是十年。

十年前，敬一丹在这里领读《景迈山宣言》，呼吁要保护好泥土、

植物、泉水，让星空、蛙声与虫鸣成为好日子的重要部分。当然，还有茶。

今天呈现的就是这样的日子。

在香港读完 MBA 的李倩，起初来到景迈山，不过是为了考察柏联酒店管理，可是在这里，她忽然就爱上了茶，毅然投身于茶行业，她不远千里来见证柏联庄园茶的出世，之后，她将远赴日本，继续学茶之路。

刘湘云的坚持总会打动一些人。

营销界的大咖生意帮帮主林翰上台就说，茶行业是他看不懂的三个行业之一，尽管他为一些茶企打过漂亮的营销战，也帮许多茶企做过渠道，但他还是很困惑。林翰分析，茶行业问题多多，产品多、包装过度、体系混乱、品牌忠诚度低等。

也因为这样，他认为茶产业是中国为数不多还有机会做成大企业的行业。林翰看好柏联庄园茶，是因为这代表了未来。"所有好的葡萄酒都来自庄园，因为它是一条龙的，不管是种植、生产，还是储藏，葡萄酒庄园与普洱茶庄园类似的地方：都是时间的历史。"

到景迈山之前，林帮主一路途经江苏、山东、东北、河南，到贵州，转云南，巡游了大半个中国，他直言，休息不易，喝口好茶同样不容易，像景迈山，像柏联庄园这样的地方，正是国人最需要的。于是，他把好茶打包带走了 1000 箱。

从东莞来参加活动的一位茶友说，茶界虽天天说要跨界，但真正能够跨界的却很少。柏联庄园茶让他看到希望，他说："表面上是烟酒茶界的大咖集体秀，但驱动力却是一群追求品质生活的人形成了有效的联盟，你看，连做茅台酒的人、做烟草的人都来做茶生意，多好啊。"

对过去普洱茶高速发展十几年的成果，茶业资深观察家李乐骏有一个形象总结："好比足球赛，上半场结束了，大家共同努力踢出了一个成果：勐海味。"现在是下半场开始的时间，我们会交出什么答卷呢？他的预测是：景迈香。

"老司机"就是"老司机"，六个字搞掂了两大茶区。

从会场出来，蓝天白云，草木青青，是时候来一杯了。

是夜，满天星斗，遍地蛙声与虫鸣，耳濡目染之余，一席老茶好酒，高朋满座，叫人如何不感慨？王逸少《兰亭集序》曾云，即便时代在变，人在变，但所有的后来人，都会如先人一般感伤。才如太白者，不也发出"夫天地者，万物之逆旅也；光阴者，百代之过客也。而浮生若梦，为欢几何"的悲痛之音吗？

时空往往会凝固在某种情感之中，非借助茶酒不能解。言之有物，情感四溢，便是通途。

在山川之间找茶，在茶室里找人，在人之间寻找认同，在认同中相互慰藉。

茶唤起心中之丘壑。向下，贴近尘埃大地；在中，释放情感理想；向上，散发智性灵光。

与木霁弘谈茶马古道的崛起之谜

霁弘老师脑溢血，住院。这周忙，没有去看他。但每一天，都有他的信息在传递。我上大学的时候，他教授我们古代汉语，他从来不与学生交流，经常接个电话就不见了。那个时候，我看过他写的一些书，也没有与他交流过。倒是毕业后，经常联系，后来，承蒙他与杨海潮老师不弃，招募我入云南大学茶马古道文化研究所。

我在山上，安静地读了三年书，写了三年书。直到《茶叶战争》出版后，我被某种闯一闯的勇气蛊惑，创办了"茶业复兴"。我写过木老师很多次，老早的一篇是匿名刊于《三联生活周刊》的"生活圆桌"，后来也被我匿名刊于《天下普洱》，这被杨海潮老师称赞为写木老师最好的文字之一。另一篇刊于《白金风尚》，是署名的。

今天说他，一是因为，想他了，明天再去看他。二是想说，他要快快好起来。

一天

2011年5月13日，昆明小雨，微风。黄历上写着，宜出行，会谈。

这一天，在早上8点45到9点之间，木霁弘在他的博客上更新了两首俳句和一首七言诗。

《雨》云：林浮古村外，夏隐蝉声偷一凉，昨夜红蕖香。《寂》云：蛙跳皱潭水，红叶落地醒秋霜，万籁山川静。《四月剑南春》说的是他4月去四川绵竹参加茶马古道研讨会的感想：人生顺处消何物？痛饮独酌唱楚骚。梦里寻得古今智，神交茶酒剑南烧。

10 点以后，他便要出门，有两个会等着他。一个与茶马古道有关，一个与云南文化有关，两个会议都与他当前的主业有关。3 月底，云南大学召开了一次"茶马古道学术研讨会"，许多总结性工作还没有完成，他主持的"滇域文化"工程许多事情也刚刚起步，每个月，他都有十多天是在"悬空"行走中度过。关于茶马古道的事情，他很多时候都是第一个知道，他有一个研究茶马古道的团队，很多地方凡涉及茶马古道的，都会告知他，征求意见或获得认可。

出门前，他有许多工作要做，看一个考察方案、几本书稿。书桌上，有一本修改后的《调解员手册》打印稿；IBM 笔记本里，一本叫《昆明读本》的电子书稿，他正在修改，不同颜色的字体展示着不同见解。

他为自己泡了一杯黄山毛峰，那是朋友不久前送的春茶，每年这个时节，各地的名茶都会出现在他的办公室，西湖龙井、云南普洱和红茶、四川竹叶青……许多人记得他爱茶，如同许多人记得他好酒一样，尽管他因为高血压困扰，已戒酒几载。

事实上，他刚刚学会使用电脑办公不到一个月，尽管不习惯，他还是感觉到了电脑的便捷，可以节省许多纸张。这张书桌上，常常挤满了三四十本书稿，单单要找这些书，就要花很多时间，办公室的打印机也多次超负荷罢工。多年前，他就学会在手机上写古体诗，现在，他开通了 QQ、博客、微博，这片私属地被命名为"虚无"，说明进一步写道：如空如心如云。

有人看了他的 QQ 空间，留言惊呼"果是一古董"（木霁弘的 QQ 名字便是"古董"），这是一个缺乏诗意的年代，古典诗歌的氛围丧失殆尽，许多白话文诗人用口水诗哺育大众，在讪笑"梨花体""羊羔体"之时,古体诗至少为汉语保留了诗形式上的美感。好在,他并不会感到孤单,许多爱好者之间,会相互发送诗文,他的手机里,装满了这种雅趣。这些人,有官员,有同行,有记者,也有学生。

他倡导出版的《雅集》目前有两本,收有张文勋、赵仲牧、赵浩如、李国安和他自己的古典诗,三人一本,每人100篇,回归"诗三百"传统。在他的计划里,这个因雅趣而成的雅集,会陆续出版下去。

木霁弘的生日刚刚过去不久,他50岁了。圣人说,这是知天命之际。

木霁弘在雅安考察

2010 年，茶马古道会议

七年前，我热衷给云南大学中文系的老师写故事，一些发表在《三联生活周刊》，一些写进我的书里，其中一篇，言及木老师，多有不敬和八卦之言，不妨一读。

木老不是老人，正值壮年。

在木姓后面加个老，一则因他是老师，省去一字，多了尊敬；二则是表明资历，在许多领域都是老资格。

木老现在很烫手，热呗！他参与的《德拉姆》正受到知识分子的吹捧。——忘了说重点：他是完成"茶马古道"的命名者之一。电话更是热线，要找木老很难。一个流传广泛的版本是，有人到昆明拜访他，话还没转入正题，木老便开始接电话，一个又一个，来人有些等得着急。没办法，只好拿起电话，也拨木老的电话。两人面对面打电话，把事情说完了。

有一次，我有一篇关于茶马古道的稿子，想请教他，跑数次中文系无果。后来好不容易联系上了，也答应在一起吃饭，可到饭局上一看，等他的人显然不只我一个。结果自然还是木老的一句话：给我电话吧？这人……

他家小孩，正上着小学。受木老的熏陶，疑难杂字认识不少。那孩子聪慧没得说，难得是好学、勤问，一遇到忘记的字就现场提问，可怜了他那老师，古文功底并不扎实，每问必不知。所以木老师的孩子每天都满怀信心趾高气扬地背着大书包兴高采烈地去上学。

最近木老师又出了本新书，讲普洱茶的。走的还是茶马古道的路数，有考据、辩难、记录，读来长了不少学问。

他有一首诗这样写普洱茶：

皮黛经霜崔鬼干，孤高凛冽自神明。

云来雾绕新芽长，陈叶樟香惊世鸣。

据说像这样的东东，他有许多，都是有灵感时在手机里记录存档的。只是这样的诗歌，他会在短信里发给谁呢？

用着先进时髦的方式，讲着古老的故事与情怀，是木老特色吧。

看过这篇后，他说，他最喜欢的书，是《世说新语》一类。好吧，算是默许我继续八卦。

后来，《德拉姆》得了"华表奖"，《春城晚报》当年把"十大新闻人物"颁给了他，他和他创造的茶马古道成为春城最主要的谈资。之后，他随身携带好茶、好书、美人、才子，上电视、出书籍、登报纸、刊杂志，去美国，到日本，走香港、赴澳门……到处宣讲

1990 年，木霁弘（左三）考察茶马古道

木霁弘、张毅与田壮壮在易武

茶马古道的微言大义。

　　朋友羡慕他，学生崇拜他，也有不解者问他："以你今日之成就和地位，何至于如此东奔西走，惶惶然如孔夫子？"言下之意是，你教教书，写写书，不愁吃不愁穿的，安逸日子不过，非要为自己折腾那么多事情，不累么？

　　确实，他不像传统学者，比如他父亲——老教授木芹先生，一辈子都在考证、研究、撰写的书斋之中。木芹先生是方国瑜先生高足，他们都是云南历史文化的集大成者，也许正是因为出生在书香门第，从小就有诸多大家耳提面命，让木霁弘变得更加不满足，不安于现状。

茶业复兴馆藏图书

1990年以前，木霁弘像他父辈一样，埋头于故纸堆，整理地方史，编辑了《中甸文史资料选辑》一类的著作，写了《儒学与云南政治经济的发展及文化转型》一类的著作和《"过"字虚化的历史考察》一类的论文。太过于投入书籍中，木霁弘到了28岁才谈了第一场恋爱。到底读了多少书？他没有统计过，但他自己的藏书就有2万多册。他每周都会去书店，每到一个城市，书店和古董店是必逛的地方。他的规划里，不久的将来，会有一个茶马古道博物馆、一个茶马古道书院在昆明诞生。

年轻时代的木霁弘，书读得越多，困惑也就越多，他不再满足于书斋建构，很显然，他推崇徐霞客，推崇方国瑜，他们都是学以致用的典范。

1990 年，他拉了 5 个朋友走出书斋，实地考察滇川藏区域，这也是为了进一步验证他在《中甸文史资料选辑》前言中提出的"茶马古道"是否存在。六人徒步从金沙江虎跳峡开始北上，途经中甸、德钦、碧土、左贡至西藏昌都，返程又从左贡东行，经芒康、巴塘、理塘、新都桥至康都，接着又从理塘南下乡城返回中甸，在云南、西藏、四川交界处这一个多民族、多文化交汇的"大三角"处，步行 100 多天，进行了一次当时"史无前例"的田野考察。他们将沿途 2000 多公里的种种"神奇与独特文化"以生动翔实的笔墨在《滇川藏文化大三角探秘》里描述出来，并重申了"茶马古道"这一概念。而当时，整个西南学界把这些区域都纳入"西南丝绸之路"的范畴，许多人等着看这些年轻人的笑话。

20 年

20 多年后，茶马古道已经成为中国西部的文化符号，云南省政府也把茶马古道作为云南的重要名片之一重点打造，而各地纪念茶马古道命名 20 周年的活动不断。

从 2010 年开始，国家层面上也启动了茶马古道的保护行动，木霁弘成为这个领域炙手可热的专家，他负责了国家文物局委托的《茶马古道文化线路研究》，并多次给各地文物局做培训、讲解、评审。

对于木霁弘而言，这是收获的一年。澳门民政总署邀请他去做"茶马古道文物风情展"，有 60 多万人造访，那些文物，大部分是他多

年从民间收来的。

2011年3月21日，"茶马古道与桥头堡"系列学术活动在云南大学举行，国内外有200多名专家学者参加。他的朋友戏称，"这是云南大学对老木的表扬大会"，事实上，茶马古道被视为云南大学20年来最重要的原创学术发现，历任领导都对茶马古道十分重视。1997年，云南大学还特批了云南大学茶马古道文化研究所，目前还是全国高校中唯一的一家专业茶马古道文化研究机构。（重林注：这个大会，我代表研究所做主题报告，现在想来，木老师是多么看重年轻人啊。）

"其实是想做一番事业"，许多人问木霁弘他的动力是什么的时候，他都这样说。"有发现，有原创，都不错，但要坚持，许多人并没有坚持下来，能坚持做一件事情，靠的是信念，还有判断，现在还要加上团队。"确实，如果当年只是为了写一本书，那段历程顶多是个人回忆录里精彩的章节而已，但真的坚持 20 年后，就变成许多本写不完的书，再造人类的文明。

在茶里寻找荣光

4年前我辞职出来创业，在选择方向上颇费神，以农产品为主，卖卖茶、咖啡、橙子、鲜花饼？还是做旅游小视频？反正这些都是云南最大的特色，怎么看都是比较有前景的事业。然而我做了3个月市场评估后，做出的选择却是另一个形态的东西：茶文化。

一个原因是我研究茶文化已经10多年，难以割舍。二是我感觉到做知识服务在未来会比较受欢迎，何况在茶行业这多年的积累，有不少人脉。第三是我的新书《茶叶战争》出版后，非常受欢迎，一年时间里就卖了4万多册，还有继续书写茶叶的欲望。

于是，继续书写，继续服务，继续扎根，变成了很正当的事。

2013年4月23日，就是世界读书日这天，我从建一个微信公众号"茶业复兴"开始了创业，第一篇文章是新书《茶叶战争》的产品说明书。令我意料不到的是，当天就有10多个人问我怎么买这本书。在一问一答之间，我们相互普及了微信支付，留下了地址，我也弄懂了，卖签名书可以不打折，快递不包邮！这也是文化增量的价值。

于是，我开始尝试着从出版社买书，回来哼哧哼哧签名，然后挂到微店去卖，凭借着微刊的导流，很快一天都能卖掉几十本。为了可以卖掉更多书，我尝试好多计划，比如推出了联合出版人概念，在书腰上为企业家留名，这次吸引30多位好朋友参与，他们买走3万多册书。

现在想来，依托自媒体与图书，抓住了雅生活最重要的部分，就是"书"，也就是"知识"。从2012年出版《茶叶战争》开始，5年时间，我们为这个行业写了8本书，累计发行超过百万册。通过我们自己的渠道卖掉了一大半，这是多么了不起的事。

茶行业是一个相对比较落后的行业，比较分散，没有大企业，从业者也大部分是农业人口，我们的文化进入就有了很大的优势。一段时间里，业界传闻没有我的书，都不好意思开店。去年广东茶票公司开业，他们买了2200本修订版的《茶叶战争》作为礼品送给客户。可能是因为封面是红色，比较喜庆；也有这本书是茶界第一畅销书的原因。5年中，《茶叶战争》印刷了近30次。而另一本《茶叶江山》，北京大学出版社前后印刷了38次，不管如何看，这都是令人骄傲的数字。

过去说"柴米油盐酱醋茶"，茶是生活的必需品，似乎没有什么好说的。眼下流行的茶生活，却是消费升级带来的变化，讲"琴棋书画诗酒茶"，是传统里雅生活的复兴。

这就不一样了，是革命性的变化，许多人不会玩了。

茶品时代是不挑剔的，有什么茶就喝什么茶，形式也是单一的，茶往杯里一扔，加上开水就成。雅生活却并非如此，首选是对茶的选择上，现在流行的是什么茶？不是过去的主流红茶、绿茶，而是普洱茶、白茶和岩茶。可是你怎么选择普洱茶？普洱茶有些什么历史？要怎么冲泡？白茶与岩茶同样有这样那样的问题，我们

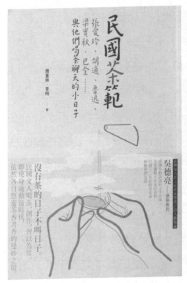

大部分时间都是解决这些问题。紧接着对泡茶的水也有要求，什么样的水泡什么茶效果好？器亦如此，用紫砂壶，还是盖碗？用什么烧水器？

茶再也不是为了解渴等功能出现的，而是为了雅致，带着愉悦，营造氛围独到的精神性，这也是为什么大部分茶空间都会悬挂"禅茶一味"这四个字的原因。至于说，焚香、挂画、插花其他三件闲事，就更是需要重新学习。

所以，我每到一个城市都会到一个大的茶空间。茶空间里可以吃饭、喝茶，也可以看书、听琴、闻香。雅生活培训越来越炙手可热，北京的和静园，昆明的弘益大学，好多课程需要提前半年预约。另一种情况却是，许多依靠卖茶产品过日子的，都不敌房租相继关门，只有依靠卖生活方式的，存活了下来，而且越来越好。

这三四年来，茶界变化非常惊人，最为显著处是从业者开始以"80后"为主，我所在的雄达茶城，90%的店主是年轻人。我们团队，我这个"80后"是最大的，主力编辑都是"85后"，1995年出生的都有了。而且，有一半以上都是硕士学位。我们兼职队伍里，有6个博士。这都是过去我从业10多年里，没有遇到过的。

茶界对从事茶业的年轻人有一个专门的称谓，叫"茶青"，就是茶叶青年的意思，20出头到40岁都可以叫"茶青"，小于20岁的叫"茶芽"，年纪大一点的叫"老茶梗"或"老黄片"，使用语境看颜值。因为大量茶青涌现，我们先后组织了两次由数百名茶青组成的"华茶青年万里行"活动，去福建福鼎、江西婺源访茶。这些茶青现在依旧活跃在茶圈，每年我们都会在很多地方相遇。

另一个大的变化是茶文化已然独立成为一个新的产业链。像我这样写书的人，可以通过书每年获益不菲，以前不要说在茶行业，就是在很多热门行业都很难做到。也因为没有清晰的收益和利益链，才导致了茶文化行业长期都是退休老人玩的地盘。我们每本书都畅销，鼓励了很多人加入茶书撰写的队伍，现在也有不少人收获颇丰。今年我们推出了茶书馆计划，在全国各地建了200多家茶书馆，鼓励大家在自己的茶馆里读书喝茶，构建一个茶香书香的社会。

我们在昆明推出的"茶业复兴"沙龙，到2017年8月初将满90期，而与六大茶山合作的品鉴小组，这3年来每周雷打不动地在喝茶，大家在一起喝茶可以识茶性，也可以为茶文化提供直观的形态，我们精选了部分文章，在下半年会出一本书，主要目的还是提供一种指导：茶这样喝，更好玩。在这3年中，我们不断升级喝茶，从6因子评价到63方程式，都是侧重人与茶的关系。

茶书只是其中变化的一种。茶行业精细化还体现在茶人服的出现上。茶人服是我一个朋友张卫华提出的概念，他做了一家专门为茶人提供服饰的公司，特点就是无论男女，穿起来都可以穿越到古代，像个雅士一样坐在茶馆里饮茶、泡茶，隐约中还带着夫子气、仙气，故一亮相就获得热烈追捧，茶服一年的销售额几千万，在茶博会上经常遭到哄抢。也是因为太红，之后跟风出来了几百家，这四五年下来，好像数得出来的有10多家，都"活"得很好。像服装这样的行业，早已是红海，可是换一个行业，就换了场景与气质，有了新生与希望。

我的朋友中，1985年出生的李乐骏开了一个职业培训学校——弘益大学堂，专门培养雅生活，有香道、茶道、花道，一年培训费流水过千万。他们还被各地中小学、大学邀请去教授课程。学习怎么过日子，怎么欣赏，让生活美学化，可都是发生在眼皮底下的事。在北京雍和宫五道营胡同里的惠量小院，也是一帮"80后"年轻人开的，他们在这里教授花道、茶道、剑术、书法、太极、古琴……我有一次去，门口围了大群人，他们在跟着老师学习琴，就在那天，另一个房间有人教授书法课，巧合的是，两位老师的招生人数出乎他们的意料。一个教琴的老师跟我说，10多年前，他求人学琴，人家都不愿意，现在他这里人均可以收到3000元的学费。

我是怎么在这个行业坚持下来的？我想是因为我真的爱茶。14年前，2003年，我入行的时候，在偌大一个昆明城，找10个可以聊普洱茶的人都没有。可是现在，满大街都是普洱茶。你随便找一个人，他都能聊一个下午关于普洱茶的文化。

那个时候，我刚从北京回到昆明。最开始研究茶文化的动因，不过是为了完成一本讲述茶马古道的书稿。带着诸多问题，走访了当时的专家木霁弘、夫巴、宣科、张锡禄等老师，还去了普洱、西双版纳等地茶马古道的遗迹去实地考察。

2004年，也是因为要出一本普洱茶的书，我又在昆明寻找喝普洱茶且有故事的人，搜遍全城，人数尚且凑不够10位。那一年田壮壮与木霁弘合作的《德拉姆》已经上映，茶马古道这个在云南流传的文化符号得以借大众媒介获得传播。当年我在昆明，就接待了不

少于 10 批来走茶马古道的外地青年，走的时候，我会送他们一本我主编的《天下普洱》，并建议他们去易武这样的地方看看。

茶马古道是一个充满诗意又剑气风霜的名字，非常适合在路上的年轻人，尽管大部分人都不知道它是什么。当年为这条道路命名的，也是 6 位年轻人，木霁弘那年才 27 岁，他们 6 个人在云南、四川、西藏的交界地，考察了 100 多天，回到昆明写了本书，将这个区域重新命名了。然后，像对待普洱茶一样，让它自己发酵。

2005 年，我继续到处闲逛，访茶人、寻茶馆、走茶区，带着一帮年轻人完成了《云南辞典》的撰写，花了 2 周的时间，跑完了临沧茶区。后来拿着《天下普洱》的稿费，去了趟江南，一路寻找有意思的茶馆。

2006年，普洱市要办一本专门讲普洱茶的刊物，邀请我去当主编。当时我还是吃惊不小，一本独立刊号的杂志，像我这样年纪的人，如何镇得住？而且，茶界是一个普遍由老专家主导的行业呀。但这也正是投资人找我的主因，不要太老的，不要暮气太重的，要有活力、有动感。杂志组建昆明编辑团队的时候，只有郑子语与我年龄相仿，其他人都比我小很多，都是"85后"。

这一年，福建也创办了《茶道》杂志（当时叫《海峡茶道》），浙江有《茶博览》，中国三大茶区都有了为自己的茶产业做文化传播的刊物，我遇到《茶道》主编赵娴的时候，也惊讶于她的年轻漂亮。这个时候，茶界活动多了起来，比如茶博会，还有各种品鉴会、斗茶会，为茶人之间交往提供了许多机会，我因为刊物的关系，去了许多地方。

2009年，我换工作到云南大学茶马古道文化研究所，不久便接到国家文物局委托项目，主题是"茶马古道到底能不能申请世界遗产"。我带着一帮人，开始了西部六省的考察，2010年提交了我负责的60万字《茶马古道文化线路研究报告》；后来是漫长的评审、等待。终于在2012年，茶马古道作为第七批文物保护单位被国务院公布。

今年5月，我去著名的茶山易武考察。走在老街上时，我忽然发现这里多了几块石刻碑文，细看都是茶马古道文物保护碑，那些文字，我读着读着就眼泪出来了。想起了很多往事，碑文上这些文字，大部分都经过我的手才成文，有些甚至是我撰写的。

而在当时，我不知道这意味着什么。

我在开篇说："茶、瓷、丝是中国对世界物质文明最卓越的三大贡献，它们在不同的历史时期分别影响了世界的经济和文化格局，最终从根本上改变了全世界人民日常的生活方式以及生活品质。中国向世界输入三大物质时，形成了三大通道：北方丝绸之路、海上瓷器之路以及茶马古道。"

要不是国家一直在推动，这些道路又有几个人想起？就在眼下，以茶、瓷、丝为主体的生活已经重新回来，我们在里面寻找荣光、自信，探索生命的意义与价值。

（原文刊于《中国青年》杂志 2017 年第 13 期，原文标题《在茶里寻找荣光》。属于封面专题"青春雅集：享受也是一种文化态度"的组成部分。）

诚品：一把知识的梯子

做一个像诚品那样的文化空间，是我一直以来的梦想。今天，因为吴清友先生的辞世，这个梦想变得更加迫切起来。

就在前几天，我接受《已阅》采访，还谈起小时候看的书上说的格言：知识是人类进步的阶梯。可是我们长大后，发现梯子不见了。

是诚品书店打开了一扇门，并把梯子放下来，让我们感知到读书空间的美妙。这些年，台版《茶叶战争》在诚品上了畅销书榜单，常有朋友给我拍照发来。我收到不下30本繁体字《茶叶战争》，这是多大的概率？要不是在诚品，我周边那些朋友也许永远都不会打开这本书。这不是他们的错！一直以来，知识都受环境影响！

我觉得，是诚品书店让书、让知识重新获得了尊重。

几年前我去苏州，聂怀宇带我去看正在建设中的诚品书店。他说，为什么会选在苏州？因为只有苏州人才符合吴先生心中读书人的样子。

今年父母来，母亲大人照旧一边纳鞋底，一边与我叙旧，讲讲家里的一些事。她说在车上睡多了。其实每次她都会在我们聚会的时候与我说很多话。我想某些程度上，她的叙事风格也影响了我。

我与母亲说起那个像我一样开书店的人，刚刚去世了。母亲说，那他也了不起。

我开一个书店，养着好几家子人。我说很辛苦，我现在每天都早起，戒烟，锻炼身体。母亲说，苦点才有过头。不苦，肯定生活不下来。

生活的时代不一样，我可以刷刷朋友圈就能卖掉一些书。这些省下来的时间，我可以看更多书。所以我卖书，自己的书全部签名，其他人的书尽量争取到作者签名，我也会参与到打包的环节……

吴先生点了一座灯塔，照亮了像我这样的人，确实，诚品开启了一个时代。我们这些开书店的，都要为他遥祭一杯茶，鞠三个躬。其实也不只是书店，所有热爱美好生活的人都应该致敬吴先生。是的，我创业开书店，深受吴先生影响。没有吴先生，就没有所谓的场景。

刚好，早上有一段记录。其实放在这里，也挺适合。

想到年过一半，很是惶惑。早上猫猫说，感觉今年更忙了，但

并没有挣到更多的钱。可是，我说，毕竟我们都完好地活下来。你不知道什么时候会是峰值，我们还不够久。

遇到×××，他说要离职了。茶行业还是让他失望了。

收到陈兴琰教授签赠本《茶树原产地——云南》，张宏达教授签赠本《张宏达文集》以及《庄晚芳茶学论文选集》，不免感慨。送书的人，在他写下对方名字以及自己名字的时候，是怀着什么样的心情？竖着签名，还是横着签名？要不要先在草稿纸上练习下？其实对很多人来说，一辈子获得签名书机会并不多。尤其是像《茶树原产地——云南》这样总印量才2 000册的书来说，看得到的人，毕竟有限。我今天看到这些个字迹，书也就活了，不再是冷冰冰的印刷体。我还会想，这书是怎么流出来，并到了我的手中？我会保留多久？一直以来，想整理有史以来的茶学知识，可是这谈何容易，首先是眼光，收什么不收什么。其次是财力，现在书已经贵到买不起的地步，我才有点闲钱，就花掉了好几万。第三，买来了谁看？这也很重要，除了自己，还有没有人对书感兴趣，还有没有人像我这样去追寻茶的故事？还有没有人立志在茶文化领域获得更大突破？

昨天与杨凯交流，我说但凡是书真读得多的人，说话都很谦虚，至少在同行这个层面上。外人觉得不谦虚以及倨傲的部分，也有其自卑心理作祟。做学问，没有开放心理，如何做得出来？

数年前，我被一个理想吸引到云南大学茶马古道文化研究所，木霁弘老师说，来吧，我们一起开创一个茶马古道学派。无论做得到还是做不到，但毕竟是一个理想。其实后来茶马古道的发展也比想象中快很多，但其他的事情的变化似乎更快。我无力去把控一些事情。

　　现在木老师身陷病中，凌文峰去了河南大学，杨海潮在北大，我在创业。可是我们并没有放弃研究、放弃那种使命感。这也是我读先贤前辈著作感动的原因，他们那几代人，是有着强烈的使命感的，他们做事做人真的很少为自己的得失打算。

肖坤冰博士在诚品书店持《茶叶战争》"打卡"

我们生活在一个追切需要看到效果的年代。我在减肥，坚持了一两个月，每次都有人问，减了多少。他们想了解这个 keep App 到底有无效果。可是对我来说，我坚持了一个习惯，比减肥本身更有价值。我带着女儿、带着家人一起做运动，把家里布置成一个运动场的时候，它带来了更为深层的变化。

　　我们收拾茶桌、收拾客厅、收拾书房，将那些物品一一分类，重新摆放，我们因此获得了新生。

认真喝茶的意义

2017 年 1 月 4 日。

我们到六大茶山公司参加每周例行品茶会，会后我在阮殿蓉书房里来回倒腾，终于发现一本书。

一本我曾经拥有，被人借走之后再也没有遇到的书：艾敏霞的《茶叶之路》。

刚好，1 月中旬的讲座，我非常需要这本书做道具。

"借书？"她有些迟疑。

开始说可以。

想了想她说："要不，我复印本给你？"

我说："其实我有 PDF 的电子书啦"。

她还是打算叫秘书去楼下复印一本给我，坚决不让书出办公室。

于是，我只有说，想研究书里的几张照片，复印出来效果就不那么好啦。

最后，她颇不情愿地让我带走了书。

这是我们日常会面的一个场景。

书与茶，是我们生活中最为重要的部分。

有些时候，我们在雄达茶城见面，在门口，说着说着就散了。

有些时候，我们坐下来，一聊就是一整天。从太阳正午喝到日薄西山。

有叹息的时候，有开怀大笑的时候。

我们有些时候会去很远的地方喝茶，比如重庆、东莞、广州、勐海。

在重庆喝羊饼的时候，被眼尖的编辑抓拍，精修后放到了《绿书：周重林的茶世界》封底。"在茶里，我找到了对抗时间的方式。"阮殿蓉反复念叨的一句是："时间打败了多少英雄美人，成就了一片普洱茶。"那是羊年，是我与阮殿蓉的本命年。

《绿书：周重林的茶世界》出版后，有人统计说，里面写了好几百号人物，出现频率最高的一个人就是阮殿蓉，有 48 次。

我一点也不会感到惊讶，创业三年来，阮殿蓉是我见面最多的人。

我有说不完的话，写不完的字，她则有喝不完的茶。于是，我们便有了一个尝试：用写不完的字去写完那些能喝完的茶。这是我们会面的一种延续。朋友之间，如果不找点共同的兴趣爱好说说，当真是用不着经常见面。

过去 10 年间，我们每次见面都有文字记载，我的身份一变再变，一开始是图书策划人，接着是杂志主编，后来是科研机构研究员，现在是创业者，可是我们的话题却从未出现过变化。我们总是聊着茶，聊着产业未来，聊着如何承接传统以及创新传统。

一开始，六大茶山公司与茶业复兴自媒体合作，成立了"百万传播大奖"，这个奖项鼓励了许多人写稿，李扬因为写"普洱茶香气类型分析研究"的文章，拿到了我们第一个传播大奖，再后来，他加入到了茶业复兴自媒体研究队伍，三年来成长为茶界最有人气的专家之一。再后来，我们两家组建品质研究中心，李扬又是场场不缺的核心力量。

出乎所有人意料，包括我自己，我们能把每周一次的饮茶行为

坚持下来。陆羽在《茶经》最后部分告诉后人，喝完茶，最重要的工作就是记录下来，但似乎很少有人这么做。

阮殿蓉到勐海茶厂做厂长的时候，把建立茶档案视为最重要的工作之一。13年前，我们采访她的时候，她就说，喝茶时要像棋手一样，时刻记录。记录或许是她个人的习惯，六大茶山10周年的时候，她出了两大本产品档案卷宗，15周年的时候，她又出了增补版。现在，她要把我们过去2年的喝茶档案出版成书，这63篇文章，是从100多篇文字中优中选优的结果。

我刚入行的时候，昆明饮普洱茶的风气是阮殿蓉带来的，她带来茶区勐海的茶生产传统，带来滇东北以及滇西南的家庭饮茶传统，也带来了销区的饮茶传统，茶滋养了她，再经过她的讲述，又滋养了很多人。

茶生活确实从来也不曾消失过，但它会在一定时间里被隐藏起来，需要一个人或者一个群体来召唤，重新展现出来。

我们是这样的人。确切地说，她是这样的人，我是这样的人。
在影响千万人之前，先影响一个人。
我们各自影响了自身的团队，我们希望能够影响更多的人。

我们接上传统，自我创造，自我传承，形成新的传统与范式。

从我家到雄达茶城，走路不过20分钟。我每天路过的时候，都会经过一座天桥，天桥这边是我们办公室，那边是六大茶山办公室。

我们每天工作的地方，都不大，但我们以自己的方式，影响着很多人。

多年前，我上大学的时候，每天要走过一条路，叫园西路，那里有一个茶室叫淳惠茶楼。我们经常在这里办沙龙，人均四五块钱就可以坐一个下午或一个晚上，我们会点红茶、绿茶，更多时候是喝着啤酒，嗑着瓜子，天南海北吹着。

赵仲牧先生说他的青年时代，也说在茶楼里听民国老先生讲座，就在青云街上。那个时代，随便走在路上都会遇到大名鼎鼎的哲人。后来在木霁弘老师开的茶室里，赵仲牧又说过同样的话。那年月，比我更热衷于搞沙龙的是施袁喜，他去年点校、重新出了名著《吃

茶记》。我们在一起谈论诗歌的夜晚，在上马村三四人挤一张床的夜晚，在弥勒寺七八人吃一锅饭的夜晚，何曾想过，我们多年后都不约喝酒，只言茶。就本质而言，茶业复兴现在的沙龙，都是沿袭了大学时代我们做文学沙龙的范式。

事实上，木霁弘老师为我们教授古代文学的时候，"茶马古道"只是他的一个业余研究爱好，谁也不会想到2012年茶马古道成为一项庞大的国家遗产。

可是，到了现在，等到我们立意要做一场场活动的时候，我们确实是蓄谋已久。我们所做的，不仅仅活跃于眼前，还会活跃于历史，后世一定会有人从一份份档案里，找到茶叶之于人的意义。如果你读到了，那么，恭喜你，幸运如你。

为什么天才都是结伴而来

2015年4月，我们到双江勐库津乔茶厂做一个论坛，效果非常好，喝了几口酒，我就说这是我参加过的最好的论坛。为了证明这不是借酒胡说，我写了一篇随感，《我们能不能低到泥土里？》。

说什么呢？就说我们这种独特的论坛方式。别人都是在城市，在酒店，穿着西装，喝着红酒、洋酒，谈着资本，聊着概念，喊着口号，开高峰论坛。我们呢，来到山里，踩着泥巴，穿着拖鞋，叼着烟，喝着茶，开坝子论坛。

别人的主角是钱和有钱人，我们的主角是茶与茶农。真真是低到泥土里，出门就可以摘到茶叶，弯腰就可以与蚊虫接触，还有那可口的清风啊，闻之即醉。

在茶乡研究茶，是我们的一贯风格。
喝着茶，读着书，又是我们的日常。
是工作，是爱好。
所以常常夸海口，我们是坐着挣钱的那批人哟。

可就在吃烧烤时，掏书包找烟找火机，一阵折腾，不小心把唐德刚那本《胡适口述自传》露了出来，画风顿时就有点尴尬了。
果然，就有人提问，你随身带着这些书？我要怎么说？
我主业虽然是研究茶，但平常所看，书名带茶这类好像真的很少，旅行箱里还有《创新者的窘境》《旁观者》以及《中国亚洲内陆边疆》……

我只好说，表面上看来，这书确实与茶没有一毛钱关系，可是，茶味却无处不在啊。

胡适开篇就谈自己是徽州人，徽州是茶乡，他们家还是真正的茶叶世家，六七代做茶那种，家庭依赖茶叶收入供他读书，胡适就出生在上海的一个茶庄里，我还去上海看过哩！

大家将信将疑，酒桌上嘛，谁又会与你较真呢？

除了自己。

晚上回到宾馆，我细想不对啊，这书我很早就读过，但那个时候怎么没有注意到其中茶的部分？在唐德刚的注释里，他洋洋洒洒地谈论自己在重庆茶馆学习的经历，又让我想起汪曾祺笔下的昆明茶馆，当然，王笛叙述成都茶馆以及许多人写的茶馆一下子都浮现出来。看来，我还是读了不少与茶有关的书。

那么，胡适与茶到底有没有更多的故事？我看过的那些名家与茶选本，都没有选过胡适的茶文。《茶叶江山》的编辑冯俊文送过我一本胡适传记，里面似乎很少谈论他喝茶的场景，他的日记里会不会有？

查查看咯。于是从硬盘里找出了《胡适日记》，从第一页开始读起，等到栗强来宾馆里找我聊天时，我已经读完了他青年时代的日记。

我们抽着烟，喝着茶，我对他说，我在研究胡适与茶。他一脸困惑，我却在一边暗笑。

从勐库到景迈山，再到勐海、景洪，一路上，我读完了《胡适日记》一大半，整理出与茶有关的若干篇幅，等我一周后回到昆明时，已经把《胡适日记》都通读了一遍。接着又阅读他的往来书信集，看到他给族叔胡近仁写信拒绝为胡博士茶代言时，我已经觉得可以写一篇有意思的文章了。

胡适到了美国，家人数次从万里之遥为他寄龙井。他以茶之名，邀请韦莲司到居所聊天，引得法国教员侧目。在一次茶叙上，他提出了白话文运动，引发百年巨变。在另一次茶叙上，他们促成了"赛先生"在中国的广泛传播……

胡适喜欢热闹，要是某一天访客少了，他会表现出惊讶。有时候，怕读日记，太过于琐碎，又总怀疑作者过分修饰。你看，去烟霞洞喝龙井，明明有美人相伴，可你就是不提。

好吧，《民国茶范：与大师喝茶的日子》就是由胡适引发，就是抱着好奇心，去看看他的朋友圈是如何喝茶，又是何等面貌。

随着阅读，继而又发现，与胡适同求学于哥伦比亚大学，既是同乡又是同师的陶行知，还在茶里提出了教育功用，他的晓庄师范学校，有一片茶园，有一个茶馆，还有一副极好的对联："嘻嘻哈哈喝茶，叽叽咕咕谈心。"

对中国学生来说，他们对"学高为师，身正为范"这几个字早烂熟于心，但知晓这是陶行知所写的人则寥寥无几。

在晓庄，晚饭后，茶会锣鼓声一响，农夫、学生、老师四面八方汇集到茶馆，学生教农民识字，农民教学生生产知识。我们"双江茶业论坛"也是这般，勐库东西半山的茶农，在约定的日子，开着皮卡车，骑着摩托车，说着拉祜语、傣语、佤语与汉语来到我们身边。

陶行知说："我们没有教室，没有礼堂，但我们的学校是世界上最伟大的，我们要以宇宙为学校，奉万物为宗师。蓝色的天是我们的屋顶，灿烂的大地是我们的屋基。我们在这伟大的学校里，可以得着丰富的教育。"

这是低到泥土之上的教育风格。陶行知放弃了东南大学教授之职，深入到乡村来，为我们提供了极为重要的范本。

回到大都市北京，在高校当教授的胡适，已经进入了另一个喝茶圈子。同事来到他们的茶桌前，倾听他们的交谈，然后告诉我们，这群人不仅学问做得好，也懂得如何生活。

我们团队开会，讨论逝去的生活，重点说民国那代人，是怎么在动荡的日子里，坚持做学问？这也是为自己所做的努力寻找一个方向，像我们这样十多年来专注一个冷僻行业研究的，到底价值几何？

把茶生活单独拎出来谈，难道仅仅是我们嗜好茶，我们以茶文化为业？

李希霍芬论述中国皇皇大著，为什么就丝绸之路成为独特的标签符号？难道我们不知道，那条古老的商路，白雪飘飘，白骨皑皑，又有多少人到白发还没有回到故乡？他为什么偏偏选择了最柔软华美、灿烂奢靡的丝绸来命名？

东西方之间，居然由如此绵柔之物来打通，极边之地因为丝绸，一下子成为世界的中心，它跨越了群山，飞跃驼峰，掠过雪山、沙漠，穿过佛珠、白帽、十字架，包裹起高矮胖瘦身段，无论你出生在哪里，信仰什么。

今天的中国，再次用丝绸之路来思考自身，思考世界演进的方式。

20多年前，木霁弘、陈保亚等六君子不信服于"南方丝绸之路"对南方乃至南方国际大通道的描述语境，他们要为南方重新命名，他们创造出来的概念是：茶马古道。

雨果说，当时机成熟，一个概念即将形成时，即使是集合全世界军队的力量，也无法阻止这个概念的脱颖而出。

茶马古道,是一幅画卷:高山、大江、古道、雪域、骡马、茶叶、盐巴、药材、香料、糖、边销、马锅头、马脚子、藏客等等独特的元素,以及它所焕发出来的苍凉意象和惊心动魄,多么剑气风霜啊。

马丽华说,"茶马古道"横空出世,让她得以重新认识西藏那边她熟悉得不能再熟悉的土地。NHK 和 KBS 联合拍摄的《茶马古道》纪录片,让多少人看得荡气回肠,热血澎湃。就在 2017 年 8 月,我们还在办公室接待了一批从广州来,重走茶马古道的高中生。

在路上,已经成为时代新生活的方式。

一年零四个月后,我再返勐库。从昆明出发,经普洱,到景洪,过勐海,在景迈山停留两日后,过澜沧到勐库。这正好与去年路线相反,方向不同,感受的冷与热秩序也不一样。我随身带的书,是布尔迪厄的《区分》二册，高居翰《诗意画》一册，王明珂《反思史学与史学反思》一册。哦，还有一本《黑暗森林》，大体主要看这一本就够了，值得多读几次。

这一年时间里，我们读完了胡适、鲁迅等16人的大部分著作、日记、书信，双眼血丝尚未褪尽，只是为了找到一些与茶有关的证据吗？或许是，在那么多人讨论民国风范的语境下，我们的研究能贡献什么？又或者，茶在这些民国大师的生活里，到底扮演着什么样的角色？

古老的道路，陈旧的档案，逝去的年代与生活。
茶是生活的底色，在不同人、不同人家，有不同意义。

家境并不好的闻一多，把喝茶看成生活中最重要的事情。茶是生活的尺度，没有茶的日子不叫日子。在美国留学时，他向家里乞讨茶。在青岛的时候，他找梁实秋、黄际遇蹭茶。在联大南迁路上，他把没有茶喝的日子列为最苦的日子。一旦喝上茶，他便大呼过上了开荤的好日子。到了昆明，他找陈梦家蹭茶，找叶公超蹭茶……

家境不错的梁实秋，在北京中山公园里，用一杯茶与程季淑订下终身。在家里，程季淑用一杯茶来尽孝道，茶具的选择、茶汤的温度、送茶的时间都是那么用心。到了晚年，梁实秋还念念不忘的是在中山公园喝过的那一杯茶。他被当下视为生活大师，在于讲究，纵是生活再艰苦，也不会放弃品位，而品位，就是以一生去践行生活，喝要喝得礼仪周全，写要写得仪态万千。

周氏兄弟都是嗜茶者，对茶的态度决然不同。

别人喝茶，喝出和气、现世安好、岁月温柔。鲁迅喝茶，喝出怒气，享清福也成了讽刺。他常年杯不离手，茶不离口，娶了擅长功夫茶的许广平。幼时抄茶经，青年泡茶馆，晚年在上海大量买茶施茶。常常以茶会友，时时送茶当礼，又经常在茶叙中翻脸而去。

以茶入文，以文观茶，周作人无疑是民国那代人里发挥得最好的一位，也是影响最大的一位。他是文人中的茶人，茶人中的文人。他一生都在做一件从未有人做过的事：打通茶与文字，营造茶香书香的曼妙之境。他常说，读文学书好像喝茶，喝茶就像读文学书。读文学书好像喝茶，讲文学的原理则是茶的研究。茶味究竟如何只得从茶碗里去求，但是关于茶的种种研究，如植物学上讲茶树，化学上讲茶精或其作用，都是不可少的事，很有益于茶的理解。

林语堂呢？他要写出茶有趣的一面，他努力在西方介绍中式生活，他看到了茶于中国人现实的价值，看到对茶的嗜好与依赖，又看到茶的广泛的社交，茶滋养了中国人，也必然对世界有着可塑的一面。

郁达夫不仅自己爱喝茶，还要让笔下人物走到哪都喝茶。他端起茶杯，笔下人物也端起茶杯。他放下茶杯，笔下人物也放下茶杯。他喝完茶出门，故事也到了尾声。别人写茶的清淡，他写茶的欲望。别人写茶馆的闲适，他写茶馆的懒散。别人写山中茶的野趣，他写山中茶的逍遥。

顺着茶，我们进入到了民国大师生活的细部，以茶为核心词汇，串联起交往、品位以及时代风范。龙井茶，是胡适、鲁迅、周作人、梁实秋、郁达夫、张爱玲、巴金等人的挚爱，他们不认识的时候，分别在同一个地方喝茶。他们认识后，又在同一个地方喝茶。

如果说鲁迅是冷峭的高山，不经历沧桑世事难以明了。胡适则是开满鲜花的平原，随时随地都能从他那里获得如沐春风之感。而汪曾祺是精致的园林，有小桥流水、乱石横空、修竹茅屋、野菜清茶、锅碗瓢盆，让人觉得亲切。他一生慢悠悠的，画几幅画，写几笔字，炒几个小菜，喝口浓茶，写写文章。多少年之后，我们才知道，这叫小日子。

张爱玲透过胡适家里那杯绿茶，看到时光交错，那个穿着长袍的老者身在纽约，说着英文，却依旧像在北京的寓所一般。他身边站着江冬秀，更是一位地道的中国老妇。我们则在张爱玲的茶杯里，看到了一个接一个的婉转故事。

那个时候，张恨水在茶馆里，看着进进出出的往来人群，写下了一个又一个故事。他的梦想是用稿费挣来的钱，买房子：大院子要套着小院子，院子里要有树，要有自来水，方便喝茶，也方便养花。

李叔同与苏曼殊两位空门中人，远非一句"禅茶一味"就能搪塞过去。丰子恺的茶画，巴金对茶的追忆，是一个时代的绝响。

克罗伯问，为什么天才总是结群而来？

云南有类似的问题，为什么鸡枞总是一窝一窝的？

我的回答当然是，有好土壤，有环境，有好茶。不然，我们怎么会跑到勐库这样的地方。不然，他们如何度过漫漫长夜？这是自我表扬的回答。

一直有人说，要是胡适、梁启超这些人，少一些棋牌，少一些以茶会友的交际，学问会做得更好，但王汎森回答说，也许并非如此。

几年前，我与一位留英的政治思想史学者谈到，我读英国近代几位人文学大师的传记时，发现他们并不都是"谁能书阁下，白首太玄经"，而是有参加不完的社交或宴会，为什么还能取得如此高的成就？我的朋友说，他们做学问是一齐做的，一群人把一个人的学问工夫"顶"上去；在无尽的谈论中，一个人从一群人中开发思路与知识，其功效往往是"四两拨千斤式的"。而我们知道，许多重大的学术推进，就是由四两拨千斤式的一"拨"而来。最近我与一位数学家谈话，他也同意在数学中，最关键性的创获也往往是来自这一"拨"。

欧洲成群结伴的天才，在咖啡馆。18世纪的英国，19世纪的维也纳都是"天才成群地来"的地方。20世纪初期的中国茶馆或有茶的客厅，同样是一个天才结伴而来的地方。

我们这本书，说的就是他们的故事。

不，我们从故纸堆里把他们召唤出来，呈现他们过去的日子，重新定义我们的生活。

与郑子语书

看到郑子语上午写出十里香，我下午便去了十里铺，坐在那里喝茶。

他说《罗曼蒂克消亡史》有腔调，晚上我便抱着可乐与爆米花坐进了电影院。

他说在广州茶博会可以买到一款不错的红玉茶，每年那个点我都要重新去认识参展门牌，买到了就炫耀，买不到就叹息。

多年来，郑子语用行动证明了自己的眼光与品位。

他说在杂志创刊酒会上，有位满手老茧的老人送了他一饼茶，上面写"芒井"，我想这个老人定是那个叫苏国文的人。

我读郑子语的文字，总会读出不一样的地方。就如他读我的文字，总与旁人感受不一样。

尽管我们过去10年间，很多次共事，一起读书、出差、夜游、发呆、出书，但这依旧不是我们成为彼此挚友的一个理由。因为有太多人，尽管你与之相处二三十年，到最后都形同陌路。

我们写过那么多书，那么多字啊，但最后的最后，我们在茶里，获得自我认同，获得他人青睐，这，谁曾想到？

就像他说十里香茶一样，本身就曲折如书。

他说太平猴魁，薄如蝉翼，透似窗纸，完全可以当书签用。

闻着茶香，想着书香。

他小心翼翼地寻茶，泡茶，说话，写字。

我则小心地寻找过去属于我们的点滴。

这一生中，你会遇到许多人，但很少有人，能让你想到他的时候，情不自禁露出微笑。有些人在你生命中出现，是用来规整你的轨迹，影响你的青春，乃至大半生。

郑子语之于我，就是这样的人。

一个温暖的人。

一个在我每一个节点都出现的人。

2000 年，我还在云南大学上三年级。

　　有一天，郑子语推开我们宿舍的门，来到我眼前。他眉清目秀，衣履单薄，背着一个斜挎包，与我握手、寒暄，用极为舒缓的口气说："重林，我是郑永军！"

　　后来我开玩笑对子语说，当年里尔克也是这般去找茨威格的。

　　我们相识，源自给当地一家报纸写电子商务的评论，除了稿费，还有价值不菲的奖金。他的文字我看了，内心直叫，真好啊，我怎么没有想到这层？或者是，我怎么没有这么好的文笔。

　　那是一个都市报风起云涌的时代，有大量版面给我们这些写作者，就像今天我们出现在网络评论上一样；而在另一家报纸，写的是那些风花雪月的事情。为了不给编辑添堵，我们都取了无数多的笔名，还记得郑永军有一个笔名叫什么小生，只有郑子语这个一直用到现在，而我，因为一些事情，早些年放弃了"锥子"这个笔名。

我写那些谈网络的稿子，都是从别的地方抄来，修改成本地化的，不像子语，都是一手的观察稿子。我当时就想好了，毕业了要投身互联网，从1998年开始，我写得最多的就是与互联网相关的文章，不过子语说，你的才华也许不在这些地方。当时子语在新华社下的一个企业做烟草研究，自己却不抽烟。

那年月，我们写字换了些酒钱，经常约着喝酒，他每次都是轻抿几口。有一回，我约了两个如花似玉的姑娘，和子语一起吃饭。吃完饭，姑娘们要去昆都天籁村迪厅玩，走到青云街，子语忽然说，"我不去了"。一个姑娘说："你不去，我们不好玩嘞。两男两女才好玩，你丢了锥子一个咋个玩？"子语说"么得哪样玩场嘞"。我才愣了一下，就看到他骑着车远去，只剩背影。那两个姑娘当时就冲我发脾气："我们长得老实丑呢噶？！"

我没有见过子语的女人，等到我见到他女人的时候，已经是多年后他儿子周岁的宴会了。此前，我从来没有见过他和别的女人在一起过。

那会，我去过子语的单身宿舍一次，看到许多他要写的文章标题，也是多少年后，我才感叹地说，要是当年也学学子语，这日子也会过得风生水起呀。他把工资、买烟的钱、码字的钱全省下来，买了一套大房子，并在我还在为买房之事纠结的时候，他宣布全部尾款付清。这个时候的子语，已经迅速完成了恋爱、结婚、生子、辞职、

远行一系列令我至今都不敢想的事情。再后来，他把房子卖了，赚了"7位数"，去腾冲创业了。

他有过一段别人不知的生活。因为工作压抑，他辞职了。但他每天都会在清晨出门，背起他的斜挎包，假装上班，他骑电单车转悠了昆明大部分街道后，会准时在娃娃开始啼哭的时候，打开门，找到奶瓶，然后打开电脑，告诉我们领娃娃的经验以及那些街头赐予的灵感。

那年岁，许多企业搞"征文派对"，报酬不是电脑，就是大把奖金，子语给联想写稿得了一台笔记本电脑，给一家茶企写稿得了一大笔钱……他参加过房地产、汽车、家具、食品诸多行业创作。有一次他得了两张许巍等人演唱会门票，他送给我，要我约个女孩去听，他就是这样为我操心。

他决定离开昆明的时候，我写过一段文字：

白香山有哭五晦叔诗云："秋园共谁卜？山水共谁寻？风月共谁伤？诗篇共谁吟？花开共谁看？酒熟共谁斟？"青衫之时初读，只会根究其字句，从未深究其情。今之灯下重读，竟有说不出的情绪。与兄相交，六七年来，淡如凉水，一年共事，齐扑南北，转眼东西。

由青衫而至绯色，非晋爵也，实为沧桑过眼，回照内心。

香山亦有忠州种桃杏，"无论海角与天涯，大抵心安即是家。路远谁能念乡曲，年深兼欲忘京华。忠州且作三年计，种杏栽桃拟待花"。

我辈中人，怀揣理想，然种杏得桃，花更远，世事无常，心有乐恙，何人能免？青绯紫黄，一如宫商角徵羽，可出高山流水，亦可出沙场秋点兵。

少陵感慨，人生不相见，动如参与商。过往来今，岁月已晚。努力加饭！

现在看来，他也是比我更早找到了生活的意义。

子语创业后，天天发微信卖石头，没有人觉得他烦，他实实在在地在卖美好生活。子语把产品作品化，用手、用文字、用图片来传播美好生活方式，很成功，又不可复制，所以很快又赚了很多钱。

我创业后，他来看我，说我这个平台不错，要给我投广告，那一天，我悄悄留了泪。子语说，他的玉是作品而非产品。作品讲的是创作，多重创作，文字、物件、人、场景……产品就是水色、硬度之类，会千篇一律。产品与作品，是说明文与记叙文的区别。他要"茶业复兴"做的是作品，不是产品。

　　去年3月，子语给我寄了一块玉蝉。他说："虫之清洁，可贵惟蝉，潜蜕弃秽，饮露恒鲜。这只蝉，颇有"汉八刀"的韵味，雄浑博大，自然豪放，而就色调而言，铁锈一样的黄翡红翡中生出几点翠绿，是重重叠叠的时光。八年前，你在《生命是一场自我表扬》中专门写过蝉，我也写过，一直想送你一块玉，现在机缘刚好吧。"

　　一周后，我们在腾冲相见。没有喝大酒，没有说太多话，我们去有故事的地方吃了顿茶，后在他家里喝了杯茶，去山上走了一圈。这段经历，他写了《高黎贡山访茶记》，就收录在本书中。

　　如今的子语，左手玉，右手茶。我们合作写《玉出云南》时，尚未触摸过玉之温度。我们一起写《天下普洱》时，普洱还未陈化。我们一起去了许多地方，写了许多书。又一起创办了一本现在还存活的《普洱》杂志。我想，我们以后，还会一起做许多事情。

　　谦谦君子，温润如玉，他是这样的人，又做这样的事。
　　又或者，我们是这样的人。

　　今年 3 月，我约着王晴再去腾冲看子语，我们去过国殇园，又哭得一塌糊涂。我心想，幸好不是常见，不然，我会忧伤而终。

　　以最大的热忱拥抱这个时代，尽管偶尔会有悲伤，但从未绝望。

　　（此文是周重林为郑子语著作《万木之心》写的序言）

与罗军书

罗军是深深影响我的人之一。

比如，他一直说，每年影响三位不喝茶之人喝茶，茶便有希望。我把这句话当做深圳某次活动的口号，也把这句话当做朋友间相互测试的话题，"你今年完成影响任务了吗"。

再比如，茶香书香，是他在践行的，也是我正践行的。我们总是希望，这个社会，有茶香又有书香，是多么美好的事情啊。

他说，做令人尊重的事，固然好，可做让人欢迎的事情，才是企业要做的。

我理解的是，他倡导的国茶实验室，就是令人尊敬的工作，有点像教堂，可以不赚钱。而茶香书香的实践，则是企业行为，要受欢迎、要赚钱。

他提醒我要注意受尊重与受欢迎两者的界限，尤其是我从文字工作者转型为创业者的时候，许多次，我们夤夜交谈。真的感觉，我们就是在做了不起的事业，就是要肩负起复兴茶业的大任。

今天发现，不是感觉，而是本来就在做了不起的事情啊。

我们还未谋面的时候，对茶香书香就有耳闻。朋友想启动一个类似项目的时候，发现罗军已经在上海做起来了，为此，他拉着我去考察，看有无机会加盟。我们都看好年轻消费群体，为此我策划了这辈子唯一全程参与的方便茶。而我在上海看到的茶香书香，确实令人动容。新一代年轻人，喝茶能从老罗开始，是己之福，茶之福。

喝茶从老罗开始，是罗军的微博名。我监测到，新浪微博上第一个发布《茶叶战争：茶叶与天朝的兴衰》的帖子，来自老罗。我问发帖人，你在哪里看到的这本书，姑娘回答说，我师傅送的。她师傅就是罗军，后来我才知道，老罗买了很多本，送了很多人。这其中，有一个叫朱见山的，抱着书，坐着飞机，跑来昆明与我喝茶。我与见山后来成为很好的朋友。

罗军对自己喜欢的，无论是物，还是人，都是不遗余力地推荐，而他不喜欢的，也是毫不掩饰地表达。某场活动，他看到一个极为讨厌的人出现，悄声对我说，这人怎么又来了，这种活动是他能来的吗？而他喜欢的人，他就会一直赞口不绝。

他为我推荐了许多书，他自己的作品，我每本都认真读，我后来买了许多人的许多书，也是受他影响，也是在某个深夜，我告诉他，我把他的新书《中国茶密码》在当当上买断货了，我要让周边人读到这本书。

他为我推荐了许多人，鲍丽丽、叶扬生、钱晓军和刘杰等人都和我成为很好的朋友，从他们那里，我学到许多许多。

创业是多么不容易，尤其是像我们这样的书生创业。我们更多的时候，为了推动事情，做出了太大让步。无论如何，别人拿不走的，才是我们最为珍贵的。

这一天，我特别想与老罗坐在一起，喝一杯茶，说说生活的苦楚，也聊聊希望。

与聂怀宇书

聂怀宇在《茶叶秘密：情要用水调》首次亮相的时候，因为叙事方式的问题，许多人以为他是一位生活在苏州的明代人。

碧螺春，会令人想起烟雨江南，想起那些小巷，仿佛耳边就传来了婉转的昆曲，一袭旗袍的曼妙女子，正指引你在苏州园林中闲逛，文徵明正在写书法，唐伯虎画已成，芸娘泡在荷花露中的茶，香气四溢，聂怀宇正端着走到眼前。

后来他又出现在《茶叶江山：我们的味道、家国与生活》里，文化的疆域伴着茶叶的疆域，最后在商业帝国前合二为一，成为聂怀宇口中经常唠叨的"文化经济联合体"。

编辑冯俊文在返回给我的稿子里批注说："第一次出场，介绍一下。"

这个哥们到底是何方神圣？

这是 2013 年我同样问过的一句话。

最后，冯俊文在刊出稿上谨慎地加上了一个头衔：茶人。

那个时候，《茶叶战争：茶叶与天朝的兴衰》刚刚出版，我在北京参加一个图书签售会。边民打来一个电话，说他有一个很靠谱的哥们，想请我去苏州转转，如果时间允许，就去。

边民很少给我提请求，除了在麻将桌上，我声音大，情绪不好时。苏州是一个我很想再去的地方，于是我买了一张高铁票，直奔苏州而去。

见了面才知道，我们居然还是老乡，曲靖人。云南早期的 IT 人，现在的艺术鉴赏家。

聂怀宇在苏州豪华地段老银楼做 CEO，他经营珠宝玉石，我看一眼就心惊肉跳，价格就是那种"0"多得右手手指不够，左手还需要摁 3 次的。

好在看是免费的，茶是免费的，高大上的住宿也是免费的，精致的园子是免费的，蹭名人合影是免费的，饭虽然也免费，但加了糖的羊肉以及清淡到看到飞鸟的面条，着实让我对苏州美食有了敬畏之心。

自然而然，聂怀宇又在《绿书》里出场了。

苏州。去走了一圈，不小心就踩着名人的尸骨前行，陆龟蒙的路，范成大的梅……没有来得及去看沈三白与芸娘，下午与从上海过来的无墨 V、Toaplusme，还有几位苏州画家、书法家以及文化人座谈，骨子里的傲，世家的气度，看得到以及看不到的，来得及或不可揣摩，这大约是聂怀宇沉浸之由。

我在苏州的随感，有《苏州喝茶记》，聂怀宇自然是带路人。那些茶馆，现在好多都不在了。笔下的赵静，也移居到了普洱。回头看这些文字，不到 4 年时间啊，变化惊人。

但艺术的法则还在。

最早在聂怀宇那里听到"油性"入茶，那里有"包浆"话语。后在林坚伟、李自强以及叶汉钟处听到"油性"与茶的对应关系。"油性"是赏玉的一个重要词汇，"油性是一种自然光泽"，自然的老茶，有油性。

也不仅仅是茶，还有紫砂壶、书画，老聂都有他精妙的见解。油性是看得到的说法，是一个从玉那里得出的准则，是光泽，这样的光泽，在玉石，在丝绸那里可以看。后来我们在昆明、在苏州多次夜谈，都是鸡不叫不睡觉那种，我以为这样的状态会一直延续下去。

但好景不长，就在苏州，他与崔怀刚督促我创业，说得前景一片大好。我听进去后，这样好日子也就结束了。他从苏州回昆明，我们几乎没有这样畅谈的夜晚。比如，有一天晚上，我们在苏州一个书画名家那里，好生喝着茶，忽然听闻陈文华先生辞世，我赶紧拿出手机，猫在一边写悼文。再比如，前几天，我们一起参加王迎新的活动，我饭都没有吃完，有客户要谈事，只有匆忙离场。客户，真是这个时代最有优选权的人群。

而之前，我们在苏岚那里，谈中西哲学问题，谈二进制，谈《周易》。我们在汪玲的地方，谈古六大茶山的变化。

写到这里，我才发现《绿书：周重林的茶世界》的另一个价值：茶人社交。整本书谈的都是交往啊。几百个人，几百个地方，几百场活动……我像只工蜂一样，到处采花，为茶这个母体毫无怨言地贡献……讲真，这不是我想要出的书，是冯俊文翻了我的朋友圈，翻了我的博客，他从出版人的角度觉得这些碎碎念有价值，而我，随手一记就像蜜蜂扇动翅膀一样，惯性。

聂怀宇说，当你的朋友需要你物质帮助的时候，你却鼓励他努力奋斗，是多么不可理解。他在我辞职后，与崔怀刚一起承担了我的家庭日常开支，他们鼓励我走出书斋，开创一份全新的事业，尽管我现在都不知道我们会走多远，但这足够。

聂怀宇一直希望我们成为茶界知识的重要传播点，他看重知识的价值，看重书经典传播的价值，这是一个老 IT 人的良言。在这个时代，我们不必被不可预知的事情拖累，也不必为他人的无知负责。

与王迎新书

这本来是 10 月里很普通的一天，因为"一水间十年"，马上就变成了一个重要的日子。

我一直说，迎新是一个节日感很强烈的人，她总能赋予普通日子特殊的意义。当然，在传统节日下如何过日子，她已经做了更精彩的活计，你看，这里的柜子上，连钥匙扣都写着节日。

《吃茶一水间》更是把茶与二十四节气完美结合在一起，这使得她成为开风气者，而不是模仿者。

这些年，我们已经见过许多很拙劣的模仿者，人云亦云。《吃茶一水间》的推荐语里，我写道：因为有王迎新的存在，大陆茶界至少可以保留些许尊严。她倡导的茶会以及雅集，她的茶席与茶道思想，她的文字与摄影，她对茶美学的追求以及呈现，都达到一个新的高度。这是迎新的第一个贡献：开启了茶（普洱）的美学风范，率真，自然，所见即所得。

注意，不是恢复，是自我的传承。我们这一代茶人，因为历史的原因，需要自创很多。故自我传承显得尤为重要。

我对茶文化的理解很简单，就是习惯。刚好，我刚刚读完福山的新书《信任：社会美德与创造经济繁荣》，福山也是这么定义的。文化就是传承下来的伦理习惯。他说中国人用筷子，不是与刀叉理性比较的结果，而是，筷子是中国人一直的选择。

这涉及一个替代问题，一个选择问题。我要进一步讲的是，文化就是明明在于我们可以选择的时候，我们却忠于某一个习惯。我们明明可以选择咖啡，选择可乐，选择啤酒，选择牛奶，选择果汁，但我们却忠于茶，而没有选择其他的，这就是文化，这就是伦理习惯。茶叶早期的选择问题，不比今天少，有五色饮、五香饮，有酒，有奶，有豆浆，有熟水……

　　一旦我们发现我们拥有了一个可以自我延续的传承习惯时，我们需要做的就是，这样走下去吧。

王迎新与父亲王树文

迎新出生在茶叶世家，自幼耳濡目染，有一个贴身顾问的父亲，这就比大部分人有优势。我记得10多年前，我遍寻全城，寻找可以讲述普洱茶的人，结果令我大失所望。找得到的人没有超过20个，其中可以书写的人不过10多个。这有信息不对称的原因，也有寻找方法的原因。差不多的时间，迎新也在做类似的工作。但我们都会发现，会喝普洱茶与会讲故事区别很大。听故事的人要写出来，不要说精彩与否，就是自身逻辑跑不跑得开，都有很大问题。这就说到迎新以及像我这样的书写者对普洱茶的一大贡献，鼓励了别人讲故事以及自己学会了如何讲故事，这是迎新的第二大贡献。

第三大贡献，就是这个一水间。我没有想到，我第一次来，一水间就已经存在了10年。一个茶空间，开10年，不倒就是贡献，想想10年前我的茶界引路人已经离开茶界。在这一波创业潮中，开茶店是许多人的选择，要如何开不倒，他们应该多向迎新取经。

茶人开茶馆，有精神寄托，也要营生好。我在《云南茶生活百科全书》的开篇说，一个年收入10万的小馆主，与一个年赚10亿的老板坐在一起，并不会感觉到身价的区别，因为爱。但是，你得开下去，不要倒了。情怀不是花架子，不是障眼法，我们得实实在在过日子。

最后，我要说的是，我们在创造历史。许多年后，一定会有人，从我们的记录中，找到文化的现场，我们这些人为后人留下了可以备查的生活，可以追寻的痕迹。

文化对经济的价值，马克思·韦伯早就指出。在今天的普洱茶界，我们只需要正视，是因为文化以及观念带来了普洱茶的繁荣，而不是产业繁荣导致了文化繁荣。于我个人而言，我对像普洱茶这类物质中蕴含的观念有兴趣，对其中的灵性有兴趣，而对占有其物质本身，毫无兴趣。把世俗事物神圣化，并非我们茶界才干的事。

与詹英佩书

下了飞机就接到詹英佩老师电话,约到办公室喝茶。上一次见她,已经是去年了。好几次相约,都因为有事未践。她的书,已经翻得出破旧相。说到茶文化工作者的种种不易,谈过去经历,多有触动。

她来给我打气,鼓励后辈,她谈到一些不愿意妥协的事情,其实我也遇到过。

詹老师正在写一本关于无量山的书,我很期待。她说这是她最后一本茶书,老了,身体不好,跑不动。以后写书这些事情,就交给我们这些年轻人。她对我说了很多勉励的话,说我虽然年轻,也算是老茶头。其实我不年轻了,很快就奔四。只是入行早,十几年,就这么过来。前些天,翻阅那些老旧的茶山照片,二十出头的年轻人,在茶山疯跑的时候,可曾想到这会改变自己的一生?

詹老师说,她为了写茶书,十多年来,花掉了近百万,早年在茶山行走,很多次都有生命危险。那时候,许多地方不通车,即便是通了,也很少遇到车。她坐着摩托车,走着路,挨家挨户地探访,并为许多无名地取了名字。现在有些后辈,大抵不知道这些往事,他们肆意地使用詹英佩挖掘与创造的知识,甚至在她面前炫耀呢。

眼前这个瘦弱的女子,一不为名,二不为利,跑茶山,仅仅是喜欢。现在许多人都会说,你们这些写书的人,为何要吆喝卖书呢,做个纯粹的学者、作家多好?他们总是以为,作家不要养家糊口呢。

我也在问自己，这十年多的时间到底是如何坚持下来？假如现在没有这一点点薄名，我又在做些什么？

我们去茶山的时候，会多次想起詹老师，在《茶叶江山》里，我与李帅在多处向她致敬。如今，詹老师也在李帅的堂口授课，听课的人，也经常被詹老师的精神所感染。她树立了一个榜样，多年前，我在一个山头，听到一个女孩说要向她学习。宛如我在另一个山头，另一个女孩说自己要成为阮殿蓉一样的女企业家一样。

有人喜欢做商业，有人喜欢做文化。这是个人的兴趣问题。做得到与做不到，谁也无权评说。

詹老师与我谈到另外一个书写者，说他开始立志要做茶文化，但屡次受挫，找资助，遭人白眼。出了书，没有人买单。后来被逼着去做茶，现在已经取得很好的市场。这是我第一次听到这个事，我以前对此也有看法，现在想来，是我错了。每个人独特的经历，都不足外人道。我想，以后还有人会有这样的经历。我自己，又何尝不是，有诸多难处，无从与人说起？

我也慢慢理解，一种叫命运的东西。

讲义

云南茶文化的特质

云南茶文化的特质，包含着三个方面，共 12 个字。

分别是：茶马古道、越陈越香以及百年古树。

先说茶马古道。从 1992 年开始到 2013 年，在这 20 多年的时间里，茶马古道从学术概念变成文化遗产与国家战略，这属于新文化运动部分。

其次是越陈越香，这是一场消费观念引发的产品重塑，属于新产品符号；

第三个是百（千）年古树，古茶树涉及国家尊严、民族自信以及产业与消费升级等诸多问题，事实上是提供了来自茶类的新物种与新知识。

　　这三点都和云南有着莫大的关系，云南的茶树，云南的茶，云南的古道以及云南的人，只有领会这几点，才能理解云南茶业这些年来高速发展的秘密，也才可以还原茶文化指导产业发展的现场。

茶马古道：新文化运动

　　茶马古道，过去没有这个概念和提法。

　　1990 年，一群云南年轻人，木霁弘、陈保亚、李旭、徐涌涛、王晓松、李林等 6 人，想干件大事情。当时他们平均年龄不超过 26 岁（相当于我们今天的"90 后"），什么事情呢？就是要命名一条道路，正名为一条道路。后来他们被业界称为"茶马古道六君子"。

　　因为茶叶、瓷器以及丝绸对西方造成过巨大影响，北方丝绸之路已经名扬天下。但南方的这条路，还默默无闻，一些人把这条路叫做南方丝绸之路，可是模仿痕迹太重，关键是，不符合西南地区的贸易主体以及贸易精神。

于是，"茶马古道六君子"开始了一场历时100多天的史无前例的文化考察。在他们合著的《滇藏川大三角探秘》（1992年）里头，正式向世人提出茶马古道概念。

1992年，六君子之一的陈保亚写下关于茶马古道的论文《论茶马古道的历史地位》，论述茶马古道的重要意义。我查了一下，这篇学术论文引用率非常高。

虽然有人开了头，现今却只有三个人继续茶马古道的研究，其中一位是我的大学老师木霁弘，我接触茶马古道就是从他那里开始，他甚至帮助我完成了最初的普洱茶普及。

还有一位是北京大学的陈保亚教授，前几天他还在我办公室喝茶，并在云南大学做了一场茶马古道的学术报告。

第三位是云南社科院的李旭老师，李老师来来回回在川藏线跑了十几次，出了很多本关于茶马古道的书，今年据说还去了老班章找茶喝，我好久不见他了。

六君子开了个好头。茶马古道其后进入话语增速阶段。

2000年后，随着影视、互联网等大众媒介的介入，大家觉得茶马古道这个名字很好听，云南旅游业的火爆，以"茶马古道"为主题的旅游路线在西双版纳、丽江等热门旅游区推出，加上茶马古道上的重要物资——普洱茶开始热销，茶马古道才逐渐深入千家万户，并最终成为一个云南乃至中国西南地区的符号资源，也成为城市文化符号。

2004年，云南大学茶马古道文化研究所参与的、著名导演田壮壮拍摄的纪录片《茶马古道：德拉姆》上映，这部片子是第一部在院线上映的纪录片，还得了华表奖，引发了很多关注，木霁弘老师当年获得了云南的新闻人物，很是风光了一回。

　　《最后的马帮》是郝跃骏拍的，也得过很多大奖。NHK（日本放送协会）拍的《茶马古道》纪录片非常好，我以为是最好的一部，这个有五集，大家可以去看看，有一集是讲朝圣的，它把茶马古道的精神与信仰都拍出来了，与最近热播的《冈仁波齐》有些类似的

老班章茶王树的拥有者老杨因树成名

地方。2003 年之后，受到 SARS 后遗症影响，与茶马古道相关的旅游图书高达 50 多种。

还有一件特别值得说的事情。2005 年，从版纳出发，路过咱们普洱的"马帮进京"事件，席卷全球。很多人是这一年才意识到，原来云南有普洱茶的啊。也有人惊呼，云南居然还真这么落后啊，今天还骑马到北京呢。这类事件在云南茶区政府的支持下获得巨大成功，后来尽管有许多人模仿，但都没有像"马帮进京"那样，形成一个现象级的事件。当然，这有历史原因。"马帮进京"主要策划人胡明方先生，2014 年策划了骑着骆驼走俄罗斯的活动，我在内蒙古还与他们的驼队会面过，影响力已经大大不如之前。

2006 年，云南有许多茶叶协会如雨后春笋般地成立。云南省茶叶商会、云南省茶马古道研究会、云南民族茶文化研究会……一般情况是，只有产业规模起来了，才供养得起那么多协会。

就在普洱这个地方，我目睹了云南普洱茶协会成立的过程，还参与了《普洱》杂志的创刊，那一年我多年轻啊，才 26 岁，就是一本独立刊号的主编。所以我常说，普洱茶，就是属于年轻人的。

木老师命名茶马古道那年，也不过是 26 岁。

我们这次巡讲的主题为什么叫"知识青年相会在茶乡"？说的就是这个意思。年轻人有兴趣的产业，才能发展得起来。

2006 年，全球第一大茶展——广州茶博会开幕，我到现在都还是它每年的主讲嘉宾，现在全国各地的茶博会都还是大家买卖普洱茶的一大平台。我也在思考，为什么信息化如此彻底的今天，茶博会这样的形式还那么有人气？

2007 年"百年贡茶回归故里"，许多人第一次看到传说中的故宫茶。2005 年送茶到北京，现在是把在北京的茶接回来。这是当年思茅市改名为普洱市的庆典活动之一。

同年，云南大学茶马古道文化研究所成立。

也许是动作太大，大家加持力过头了，那一年，普洱茶在 CCTV 的宣告中，崩盘了。

但生活还是要继续。

2008 年，普洱茶进入中国国家非物质文化遗产保护的名单。

2008 年，单霁翔、刘庆柱等十余位全国政协委员提出了第 3040 号提案，即"关于重视茶马古道文化遗产保护工作"。

2009 年，澳门特区政府邀请云南大学茶马古道文化研究所和云南省文物局到澳门举办"茶马古道文物风情展"，展览的半年时间里，造访人数超过六十万。

2009 年底，受国家文物局委托，云南大学茶马古道文化研究所对茶马古道的线路进行整体研究，同时对茶马古道整体申报世界文化遗产的可行性进行分析。后来这个项目是我与杨海潮负责的，项目课题叫《茶马古道文化线路研究报告》。

2010 年 6 月，由国家文物局和云南省文化厅（文物局）、普洱市政府联合主办的中国文化遗产保护普洱论坛以"茶马古道遗产保护"为主题，在普洱市召开，期间发表《普洱共识》以及研究论文集，这也是茶马古道保护国家级行动的开始。

2011 年 3 月，我与云南省文物局副局长余建明去北京参加茶马古道遗产评选工作，评委首先不了解什么是茶马古道、茶马古道有些什么，我们就一一做了介绍，其次才来研究这个算不算、够不够资格做国家级的文物。许多区域的茶马古道事实上是在一年不到的时间里，从零保护状态一举升格为国家保护，这是中国西南地区第一条受国家保护的大型文化线路，为茶马古道申请世界文化遗产迈出了重要一步。

2013年3月，中华人民共和国国务院公布第七批全国重点文物保护单位，云南、贵州、四川多处茶马古道文化遗产在列。我们真是觉得自己参与了一件很伟大的事情，从概念到遗产，这是多难的事情啊。

2014年，茶马古道上的古茶园景迈山开启申请世界文化遗产之路，这是中国首次以古茶园的名义单独申请世界文化遗产，如果成功了，茶园将第一次变成世界遗产。

仅仅 21 年时间，茶马古道从学术概念变成世界文化遗产，并成为国家"一带一路"战略最重要的组成部分。2017 年 5 月 18 日，习主席在给杭州茶博会的贺信上指出，"中国是茶的故乡。茶叶深深融入中国人生活，成为传承中华文化的重要载体。从古代丝绸之路、茶马古道、茶船古道，到今天丝绸之路经济带、21 世纪海上丝绸之路，茶穿越历史、跨越国界，深受世界各国人民喜爱……"

之后学习小组说，茶马古道是古代丝绸之路的重要组成部分。

具体来说，茶马古道是指以茶为传播、贸易和消费主体，以马帮为主要运输手段而形成的文化、经济走廊。茶马古道还是一个文化符号和一项大型线性文化遗产。

在我看来，茶马古道为云南茶提供了类似江南文化之于龙井、碧螺春，徽派文化之于黄山毛峰、祁门红茶这样的历史文化大背景。2011 年 4 月 28 日，我在《人民日报·海外版》发表过一篇总结茶马古道文化的稿子，总体说来，茶马古道是人类行走文化的一大奇迹。

茶马古道展现的是一幅长长的画卷：高山、大江、古道、雪域、骡马、茶叶、盐巴、药材、香料、糖、边销、马锅头、马脚子、藏客等中国西部独特的元素，以及它所焕发出来的苍凉意象和惊心动魄。

茶马古道是沿线各民族超越时空的伟大创造，除了具有很高的历史文化价值和学术研究价值外，还是当下西部民族及其生活的鲜活例证，这不能不说是人类文化史上的一个奇迹。它贯穿了整个横断山脉，跨越中国西部多省区，连接着三十多个民族、八千多万人口，向北连丝绸之路，向南连瓷器之路，波及更远的民族和区域。

行走茶马古道，可以体验当今世界上地势最高的独特文化经济走廊。从云南开始，可以体验上千年的雨林古茶园，感受生物的多样性以及流传几百年的制茶工艺。茶马古道上的虎跳峡，落差高达三千多米，而梅里雪山和白马雪山之间的澜沧江，即使是在今天，通过时都必须借助于溜索。巍峨的高黎贡山，沧桑的博南古道，曾经是汉谣中艰难的代名词，剑气风霜、回肠荡气并没有成为往事，而是铭刻在那一路的石碑、石刻和摩崖之上，勒在无数人的心中。

美丽的雪山、苍茫的树林和咆哮的江河塑造了我们对生命的最初信念，可是它们也在一定程度上阻挡了人类前进的步伐；而正是茶的远征，创造出了人类历史上最了不起的贸易线路。贸易带来的城镇和集市的兴起，现在沙溪古镇、鲁史古镇、丽江古城、独克宗古城、哈拉库图城、昌都、西昌等等，都是茶马贸易创造的高原明珠。

另一个典型就是桥，远在唐代，就因为吐蕃神川铁桥的修通而出现铁桥城；在西藏昌都分别有三座桥，西藏桥、云南桥和四川桥，他们分别是西藏、云南和四川马帮投资修建的，这样的例子还有很多。

行走茶马古道，还能体验到多民族的融合与和谐，它见证着中国乃至亚洲各民族间千百年来因茶而缔结的血肉情感。文成公主进藏带动藏区广泛饮茶，宋代在西北大兴茶马互市，明清两代以茶治番，从任何一个节点都可以找到茶叶于民族、经济、政治、民生的伟大价值。藏族民众说"茶是血，茶是肉，茶是生命"，藏族史诗《格萨尔》说"汉地的货物运到藏区，是我们这里不产这些东西吗？不是的，不过是要把藏汉两地人民的心连在一起罢了"，

这是藏族人民对茶以及茶马古道最深刻的理解，对西北游牧民族同样如此。

茶马古道是民族迁徙的走廊，它为人类寻找永恒的家园提供了

许多实证。尽管中国西南和西北地区茶马古道上有众多的民族，但这些民族的第二语言统一在西南官话下，这是世界文明传播史上罕见的实例，这无疑是茶马古道又一大贡献。拿云南省迪庆州小中甸村来说，村民平常都恪守藏族习俗，通用藏语交际，但现今老一辈的人还能说纳西语，而香格里拉县、德钦县等地的许多藏语词汇就来自西南官话。在某种层面上，正是茶马古道的开拓性，才使得那些世居在被高山大川所阻隔的区域的民族有了对外交流的机会。始于南诏国时期的罐罐茶，现在不仅流行于云南广大区域，还在四川、甘肃、湖南、陕西等大部分地区通行着，这不能不说是一件令人称奇的事情。

在茶马古道上，多元文化开始融合。通过藏传佛教在滇西北的传播，进一步促进了纳西族、白族和藏族的经济及文化交流，增进了几个民族之间的友谊。信徒香客们在不同的区域之间来来往往，文化互相渗透。除了佛教之外，沿着茶马古道进来的还有伊斯兰教、基督教、天主教，与中国传统儒释道多元并存。

茶马古道所经地域，可以说是世界宗教文化的一片神奇而罕见的天地。由于特定的地域环境及历史沿革，更由于众多民族生息于此，造就了这一带宗教文化的多元性、民族性、地方性、扩散性和融合性的特点。茶马古道上的宗教文化就如万花筒般缤纷杂呈，气象万千，世世代代繁衍生息在茶马古道沿线的众多民族密切往来，"各美其美、美人之美、美美与共、天下大同"（费孝通）。

越陈越香：新产品符号

在神奇的 20 世纪 90 年代头 5 年里，与茶马古道并行的茶文化研究同样史无前例。1992年，六君子的《滇藏川文化大三角探秘》出版，1993年王明达与张锡禄先生的《马帮文化》出版。

1993年，就在我们所在的普洱，当时叫思茅，在当时的地委书记李师程的主导下，来自全球的茶文化专家学者开了一个普洱茶国际学术研讨会，今天茶界的红人邓时海、刘仲华、木霁弘等都为这个会议提交了论文。陈文华先生主编的《农业考古·中国茶文化》专号1993年第4期选刊了部分论文。

1994年，黄桂枢主编的《中国普洱茶文化研究》由云南科技出版社出版，收录了邓时海提交的论文《论普洱茶的越陈越香》，这是普洱茶"越陈越香"这个核心价值第一次被如此放大，我们在其他地方看到的，恰恰是对这一概念的反驳，比如张顺高先生就觉得应该区别对待。

我们今天把1993年的这场论坛当做普洱茶的第二次复兴，五湖四海的来宾不仅群星灿烂，还提出了影响普洱茶行业的理念。

1994年，湖南农业大学茶学系主任陈兴琰主编的《茶树原产地：云南》以及中华茶人联谊会主编的《中国古茶树》相继出版。《中国古茶树》讲什么？讲的也是邦崴大茶树的发现以及保护，讲的是当时顶级专家对古茶树的一个认识，很多人说古茶树是一个很新的概念，这是视野狭隘的体现。

1995年，台湾的邓时海出版了《普洱茶》，书里最有价值的部分就是他到思茅参会提及的论文：《论普洱茶的越陈越香》。他说这篇论文是他从云南中茶公司的宣传册子上获得的灵感。我后来读到了这篇有"越陈越香"的文章，王树文与苏芳华编辑的这本小册子叫《茶的故乡——云南》，出版时间是1990年，里面说："云南普洱茶有越陈越香品质越好的特点，可以长期保存饮用，但注意既不要受潮也不要密封，更不能与异物一起存放。饮用时每杯三至五克茶叶，冲入刚沸的开水加盖 5 分钟即可饮用，用泉水和紫砂茶具泡饮味道更佳。"

"越陈越香"实际上是在销区引发的一场消费观念的产品重塑，开启一个全新的时代。但前辈们说得太早了，要等 20 年后，也就是 2005 年前后，《普洱茶》简体字版引入到云南，属于"越陈越香"的时代才到来，而秉承这一理念来到茶区的台湾茶人，当时做的茶，现在早已贵得令人望而生畏。

在喝陈年普洱茶之前，我们用的都是绿茶的观念和体系，而绿茶喝的就是新茶，但是请注意，这是绿茶产区的观念，而不是销区的观念。而且这个茶区主要是指江南、徽州产区。这个地方不仅盛产茶，还盛产才子，就像今天我们普洱茶区一样。有才子的地方，最大的不同就是，他们说话声音大，大到后面的人只能听到他们说什么，而忽略了，这不过是当时众多声音中的一种而已。

我们今天恰恰要说的是，过去的紧压茶经过漫长的运输，经过层层分销，最快的也起码要过一年才能喝得到。所以过去销区诸如大藏区、蒙古、新疆这些地方，都是喝陈茶过来，从过去就一直存在，只是经过王树文先生、邓时海先生等人提出来了，把普洱茶从绿茶体系中独立了出来。

我准备的这张照片，各有特点。这里第一张照片是熬茶的大锅，在青海塔尔寺拍的，那里有一个非常巨大的大茶房；第二张是雅安那边的茶马司，茶马司是中央机构，从宋代流传下来的，是每个地方的官方储茶地点，民间不能买卖茶叶，普通民众买茶要通过茶马司分销；第三张是香港的酒楼，香港的酒楼就不只是存茶了，所有的东西酒楼都有储藏的习惯，它有一些地窖之类的，香港是在一个

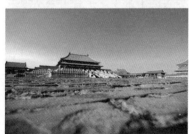

孤岛上面，它有一种危机意识，所有什么东西都会藏一遍，茶也是这样。最后一张图就是故宫，皇家藏茶的地方。

我们很容易找到消费人群画像：佛教信徒，普通民众，茶客以及皇亲国戚。这也是非常有代表性的人群了。

最近一段时间看到一些材料，都是说普洱茶进贡的。10多年前没有太多的材料讲普洱茶与皇帝的关系，大家找到乾隆说普洱茶的一首诗，激动得跟什么似的，好几个还打起来了。一些没有材料的就造假，邓时海就造假说，《战争与和平》里有普洱茶，其实你翻翻看，里面哪里有提到普洱茶了？他还说皇宫是夏喝龙井、冬饮普洱，现在我们知道，清朝皇帝才不管春夏秋冬呢，一年四季都在喝普洱茶。

因为有这些"不良"记录，邓时海书的可信度被进一步降低。比如邹家驹揪出了书里面大量茶史表述错误，这些错误随着詹英佩以及杨凯的进一步研究，被逐渐放大。但这依旧抹杀不了邓时海对"越陈越香"的专门总结的功绩。留给我们最大的困惑也许是，陈年的临界点到底是几年？这也让大家都有工作做。好好实践下，到底普洱茶最佳的品饮期是什么时候？

雍正七年（1729年），今天的思普地区才改土归流，在思茅设总茶店，有了普洱茶的称谓。同年八月初六，云南巡抚沈廷正向朝廷进贡茶叶，其中包括大普茶二箱、中普茶二箱、小普茶二箱、普儿茶二箱、芽茶二箱、茶膏二箱、雨前普茶二匣。从这一年开始，普洱茶开始了漫长的进贡之路。

我们来看看乾隆五十九年（1794年）的一份云南普洱茶上贡的清单。

乾隆五十九年（1794 年）贡茶进贡时间、名称与数量

进贡时间	进贡地方官员	贡茶名称	贡茶数量
三月二十六日	云贵总督 富纲	普洱大茶	二十圆
		普洱中茶	二十圆
		普洱女儿茶	五百圆
		普洱蕊茶	五百圆
		普洱蕊茶	五十瓶
四月二十三日	贵州巡抚 冯光熊	普洱大团茶	五十圆
		普洱中团茶	五百圆
		普洱小团茶	一千圆
		普洱蕊茶	五十瓶
		普洱芽茶	五十瓶
		普洱茶膏	一百匣
四月二十四日	云贵总督 富纲	普洱大茶	五十圆
		普洱中茶	五十圆
		普洱小茶	二百圆
		普洱女儿茶	五百圆
		普洱蕊茶	五百圆
		普洱芽茶	五十瓶
		普洱茶膏	五十匣
		普洱蕊茶	五十瓶
四月二十九日	云南巡抚 费淳	普洱大茶	五十圆
		普洱中茶	五十圆
		普洱小茶	一百圆
		普洱女儿茶	五百圆
		普洱珠茶	五百圆
		普洱芽茶	五十瓶
		普洱蕊茶	五十瓶
		普洱茶膏	五十匣

资料来源：中国第一历史档案馆、香港中文大学文物馆编：《清宫内务府造办处档案总汇》，卷55，北京：人民出版社，2005 年版。转引自万秀锋等著：《清代贡茶研究》，北京：故宫出版社，2014 年 12 月，P22。

三月份一次，四月份一次，隔几天就送一次，云贵总督送普洱，贵州巡抚也没有闲着，普洱茶以非常快的速度送到京城，那边消费也是快啊。

《清代贡茶研究》里整理了一份清单，里面的饮茶量很吓人。

"嘉庆二十五年二月初一日起至七月二十五日止，仁宗睿皇帝每日用普洱茶三两，一月用五斤十二两。随围每日添用一两，共用三十四斤。皇太后每日用普洱茶一两，一月用一斤十四两，一年用二十二斤八两。"

"七月十五日起至道光元年正月三十日，万岁爷每日用普洱茶四两，一月用七斤八两，随围每日添用一两，共用四十七斤五两。嘉庆二十五年八月二十三日至道光元年正月三十日止，皇后每日用普洱茶一两，一月用一斤十四两，共用九斤十二两。"

就是我们今天的饮茶量很大的茶客，也怕是不能与清代的皇帝比日消耗普洱茶的量了。

过去我们所有的猜测都得到了证实，皇帝很少提到自己喝普洱茶，认为普洱作为边销茶，上不了台面，但其实皇帝每天都要喝普洱茶。乾隆尤其如此，自己嗜普洱茶如命，但明面上还偏要跑去摘龙井，在皇家大院处处仿造江南茶室，一辈子都想活成宋明江南文士的样子。

皇家如此，京城就更是普洱味浓。韩国有一位姜育发教授，就写过相关方面的文章。

跑远了。扯回来。

这些是我从《云南文史资料》里整理的资料，这些资料过去被反复引用。

马泽如在 1940 年，就说出了普洱茶越陈越香的道理。

"江城一带产茶，但以易武所产较好，这一带的茶制好后，存放几年味道更浓更香，甚至有存放到十年以上的，出口行销香港、越南的，大多是这种陈茶。"

马桢祥也提到过："也有部分茶叶行销国内，主要是新春茶。而行销港、越的多是陈茶，新是制好后存放几年的茶，存放时间越长，味道也就越浓越香，有的茶甚至存放二三十年之久。陈茶最能解渴且能发散。香港、越南、马来亚一带气候炎热，华侨工人下班后，常到茶楼喝一两杯茶，吃点点心，这种茶只要喝一两杯就能解渴。"

我现在认识做茶的企业家，多数从 2006、2007 年开始进入茶行业，绝大部分都与这一理念有关。从做生意的角度，卖普洱茶也能赚钱，不卖也能赚钱，非常有噱头。越陈越香是个好概念，但对云南普洱茶原始积累阶段非常不利。

因为，10 多年前云南没有老茶库存。比如大益茶厂出了一款 7542 的茶，到了藏家手中，他起了个名字，叫八八青，这款茶就叫成了八八青，都是藏家拥有绝对话语权。

这是一个藏家说话的市场，与云南毫无关系。明明是大益的茶，被藏家取个小号就变得爹妈认不得了。红印、蓝印、雪印之类、88 青、橙中橙……生产方、产地、品牌全被消解，话语权归持有者（藏家）所有。

怎么办？产品在藏家手里，但树在云南。

于是，天才的云南茶人开启了一趟寻访百年古树茶的冒险之旅。

百（千）年古树：新物种与新知识

云南没有百年老茶，但是有百年老树，于是一个新的时代开启。

2007年，"越陈越香"被资本玩坏了。普洱茶一度崩盘。2009年，普洱茶再度归来的时候，古树普洱茶被当做最让人热泪盈眶的概念在使用。

这一次，全天下茶人都傻眼了。因为，大量的未知出现了。云南还有许多未被发现的古茶园，还有许多未曾被尝过的古树茶。2017年，在红河州的屏边县，发现了一片从未被报道过的古茶树。

澜沧江流域是世界茶的原产地，但你可知道在过去百年时间里，就连许多中国人都觉得印度才是茶树的原产地。20世纪60年代，云南相继发现的大茶树，为这个国家注入了巨大信心。

吴觉农先生在90岁高龄时，他的《茶经述评》出版了，在这本书里面，第一章重点论述的就是云南是世界茶的原产地。很好玩的是，陆羽的《茶经》根本就没有提到过云南。云南茶区的重要性，还是要从清王朝开始。《茶经述评》里那份茶王树的简介告诉我们，

在普洱市石屏会馆、茶马驿站演讲

守在古茶树下采摘鲜叶的潮商杨尚燃

南糯山有 800 年的古茶树，世居在这里的哈尼族供奉茶树已经有 55 代。这是一种民族性、人类学的认知方式，通过族谱来断定茶居于此的年代，而不是通过植物学意义上的树龄测试。之后的云南大部分树龄测试，都是以南糯山这棵树作为第一参考，2 倍多一点就变成 1700 年，3 倍多一点就是 2700 年，3200 就是取 4 倍值。

我们今天要反思的是，一味追求树龄真的能给这个产业带来亮点吗？

为了这片叶子，几代植物学家都在努力。胡先骕第一个命名了普洱茶种（C. sinensis var. assamica），之后在张宏达、闵天禄的努力下，普洱茶种成为今天世人所知的物种。闵天禄先生为了考证布鲁斯兄弟发现的茶种，专门到了大英博物馆探寻，但是没有找到这个标本，那么重要的原产地物证怎么会找不到呢？所以当时他就产生了怀疑。

今天我们在这里讲古树茶，就会有人问，台地茶怎么办？可是过去我们一直在问台地茶，没有人关注古树茶。所以，这只是一种思维方式而已。

有人跟我讲，曾经有人建议戎加升先生把冰岛那片古茶树保护起来，他认为不如另种一大片茶园，他当时错了吗？并没有啊，从

老班章最大树冠

257

经济产出上来说，当然是种的树越多越好。他没有想到的是，现在十几亩地的产出价值还没有几棵树的高。

这是观念的变化。随着时间的推移，今天云南古茶树占到云南茶树的百分之五到百分之十，就已经很了不起了，而且我们会有越来越多的树变成古茶树，国家规定 100 年的树就是古茶树，站在 20 年、30 年、100 年后，今天种下的树就是古茶树，其他地方的树活不了这么久的，所以很多争论都是没有意义的。

一棵古茶树就是一棵古茶树的价值，一片古茶园就是一片古茶园的价值。

决定云南茶产业发展的，不是争论普洱茶是不是黑茶，而是我们的古树茶。

在晒红概念出现的时候，我们帮天下普洱茶国做推广，之后都被人骂了好几回，原因是现在红茶已经很规范了，按照规范去做就好了，为什么还要弄出一个新的东西，红茶旧有的体系不支持晒红，所以他们很慌，他们过去的知识不管用了。

而我们想要传播的是一个新物种，谈的是新知识。

过去上千年，谈的都是绿茶，过去上百年，谈的都是红茶。过去几十年，谈的都是六大茶类，有我们云南人说话的机会吗？没有。

现在，好不容易给我一个机会。有天赐的，更多是我们的努力。

现在，考察我们的正是茶的想象力。其实我今天说的这些概念，何尝不是一种想象力！茶马古道是实际存在的，我们不过是通过想象"发现"了它。"越陈越香"是这样，百年古树也是这样。

猜想与反驳，让我想到卡尔·波普尔。

我们需要想象力，需要创新，才能打破围困我们的格局。

而我之所以被邀请站在这里，也完全是因为我在做与想象力有关的事业。

我一眼看过去，眼前的场景都是想象力被重新再现出来的。我们想象古人喝茶的样子，我们想象他们领略到的曼妙之境，我们希望其他人也像我们一样……

从陆羽时代开始，我们就被告知，喝茶要有秩序。

许多人不知道"茶经"的含义，经就是经纪，茶经就是让茶有秩序，让器具有秩序，让茶人有秩序，为了喝一泡茶，我们要准备好工具，准备好服装，来讲讲茶、讲讲水，光是讲还不行，还要写出来、拍出来，照片也好，录像也罢，要发朋友圈，要宣告我在场，我在过什么样

刮风寨茶农

的生活。

我们其实已经在践行古代的那种琴棋书画诗酒茶的生活，那天晚上，我们就是一边烤茶、喝茶，一边喝着美酒。

小结：12 字真言完成了我们对云南茶文化和茶产业的认识。

20 多年以来，茶马古道完成云南茶历史与文化背书，让普洱茶有了可以与徽派文化、江南文化相较高下的大文化背景，并把茶文化带入更为古老的历史语境之中，完成了对普洱茶发展至关重要的新文化运动。

"越陈越香"则把普洱茶从绿茶与红茶的语境中解放出来，赋予茶金融与新艺术属性，完成新产品符号。过去的茶马司、大寺院、皇家仓库以及酒楼，变成了今天的云南仓、东莞仓等。

百（千）年古树则把云南茶带进新物种行列，为社会、为产业带来新品类、新知识，完成最为重要的消费升级。

现在，很少有人说喝茶就只是喝茶，喝茶其实是一个接口，是认知的一个接口。这几个概念，一直都是存在的，不是它们改变了，变化的是我们的认知行为，我们今天谈茶的时候，谈的就是我们的认知，我今天说的是我的认知，大家聊茶的时候聊的是大家对茶的认知。

但更重要的是，你需要拿起杯子，忘记我说过什么！无论我说得多么美妙，都不及你品一杯真实的茶来得重要！

（本文由陈朦整理自周重林先生 2017 年 9 月 2 日在普洱茶马驿栈的主题演讲。）

陆羽的《茶经》要怎么读?

眼下的图书市场上,茶书这个小类别里,除了《茶叶战争》与《茶叶江山》外,卖得最多的就是陆羽的《茶经》。这说明陆羽在当下受欢迎的程度很高,依旧是茶文化最大 IP。

在当当等平台上,研究陆羽《茶经》的书也很多,能买到的有 20 多本。有一本的销售评论数量超过 15000 条,销量在茶类也是排第一的。我买回来一看,自己是失望的。有位新同事,她从 20 多本中,选了一本,她说封面挺吸引人。我有些酸,便说,这书卖得好,是我们这些专家不够努力。可是我再次翻了翻,又发现,并非如此。有些专家实在很努力,上海古籍出版社,同一个注释的,居然有 3 个版本,我也是拿到书才发现的。在网店买书,不是那么容易鉴别。有些书是有意去买了不同版本,比如沈冬梅老师的《茶经》,就有农业版和中华书局的两个版。我个人喜欢蓝色封面这本,是中国农业出版社出版的,后来出的绿色封面以及最近才出的红色封面版本,分属不同的套书,这也是图书一个大类别,从《茶经》分类看,它可以放在闲情逸致之中,又可以置身在"经史子集"中,成为"庄孙子"(庄子、孙子、老子)的尾巴。

为什么一开始就要说版本呢?因为不同的版本,有着不同的解释,而有些版本的书,是完全没有自己的丝毫贡献的,这是我们国家图书市场的一大乱象。只要是热门的领域,马上就会有"盗版"出现。我的书第一次被盗版,是 2004 年主编的《天下普洱》,盗版商把书里的内容与邓时海的《普洱茶》合并,弄了本新的,我在许多人的书架上都见到了这本盗版书,还收到过 2 本作为礼物。还因

茶业复兴馆藏图书

262

为有神奇的淘宝存在，有人把书拿过去，自己复印，就开卖。我遇到过一个老外，他到我们线下的书店去选书，拍了照片，记了书名不买，转头就去淘宝买盗版，这是他亲口对我说的，我很难相信这个人来自尊重版权的文化产业大国——美国。

那么，像陆羽《茶经》这样的早就是公共版权的图书，在这么一个鱼目混珠的图书市场里，选一个好的版本非常重要。好的译注本，译注者花了很大的心血，比如沈冬梅老师的，我们学人非常敬佩她，她校正了过去流通版本中的诸多错误。

还有些版本，比如吴觉农先生主编的《茶经述评》，说了很多与陆羽时代无关的话，比如第一章，吴觉农就把这个话题延伸开来，把"南方有嘉木"这个"南方"重点落实到云南，论证云南有大茶树，符合陆羽的论述，可是陆羽的《茶经》压根儿就没有提到云南，整个唐代提及云南产茶的只有《蛮书》。那个时候，云南是南诏政权，不在李唐的政治版图上。谈茶也是上历史课，现在许多人连云南在哪个位置都搞不清。云南在中国地图最左边，省境线上都是其他国家。这就有个问题，为什么吴觉农要这么干？他这一辈子，最大的努力就是为了证明云南是世界茶树的原产地，他不是还有一个外号叫"当代茶圣"吗？就是当代陆羽的意思，这个称号是怎么来的呢？也与评述陆羽的《茶经》有关。在这本书的序言里，作序的高官称呼他是"当代茶圣"，有功德。所以这本书事实上是接着陆羽的《茶经》，把中国茶业在当时的情况梳理了一遍，并对陆羽有关茶的说法进行了科学（可信知识）的论证。

我今天读这些文字，依然会被作者那种强烈的使命感与责任感所打动，要知道，吴觉农是中国较早留学日本的那批中国人，他们是带着学成报效祖国的决心；他也是最早在茶这种物质以及茶文化

中寻找文化自信的中国人。这与陆羽写下的《茶经》非常类似，经历过"安史之乱"的陆羽，是非常希望茶成为经国救世的物质。事实上也是，茶在安史之乱后被纳入上税的商品，几乎所有的人都会指出，茶的兴盛并非来自所谓的盛世说，陆羽兴茶后，茶税可以填补空虚的国库。这些故事，也闪现在《茶叶江山》以及《茶叶战争》中，我们阅读一本书，要去追寻作者力图追寻的是什么。吴觉农创建的中茶系，培养了太多人才，他的跟随者非常多，影响也最大。

到这里，我们说了校勘最精的版本，也说了必读版，接着要谈流通最广泛的版本，就是可以查阅得到的数据的当当版以及铺货到各地的紫图版，这些书一言以蔽之，就是多图与易读。加入许多人喜欢看的内容，比如名人与茶部分。在陆羽的《茶经》里，会是神农氏、晏子、扬雄这些，可是这些人，在唐代就已经要通过考据的手段去证实了，甚至不及今天领导人之间喝一杯茶更具有传播力。现在说茶是国饮，有着历史层面的原因，也有着期许。我们知道，像土耳其、英国这样的国家，人均饮茶量比中国还多。所以茶人还需要努力。

我手上《茶经》最新的版本是明洲的。我没有见过明洲，但知道他在云南做普洱茶生意，就是那种陆羽从未提及的茶。我看过他写了许多文字，非常有当下的现场感。他校注《茶经》，也把这种现实感代入了《茶经》之中。比如他追问茶道到底是什么？或者说，习茶对当下有什么意义？其实也是回答，像他这样的人，以茶作为生意的同时，也写茶文，思考茶的现代性与茶能否给我们带来渴求的幸福感？

陆羽这个人，有很强的现实感，比如他在《茶经》里，谈"安史之乱"，谈陆子茶与尹公羹的政治抱负，他更是把平生所理解的儒释道注入到了茶里，完成了他的茶之旅。我们今天谈陆羽，一定不要只看到茶，还应看到更多。过去太重视茶，往往忽略了茶之外的很多东西。比如《茶经》的这个"经"。

《茶经》的"经"最开始并不是通俗意义上的"经典"的"经"，也不是"经史子集"的"经"，陆羽的《茶经》按照当时的理解应该是"经纪"的"经"，"经纪"就是安排的意思。

"茶经"就是让茶有秩序。经的本意是经线，我们经常说的经纬，指的是经线与纬线，线做好了，往织布机上一摆，横的是经线，竖的是纬线，现在介绍一个地方，经常要说经度多少纬度多少，就是确定位置。

经纬自然也就是指天地万物的秩序，在古代中国，特别用来指治理天下。可是就像六书一样，一开始也不是什么"经"，可是从孔子时代开始它就变成"经"了。后世不断有人叠加，出现了"九经"、"十三经"等。今天我们看唐代的这本《茶经》，只知道其经典的一面，而其"经纪"的一面反而被淡忘了，所以要特别指出来。

过去写的《山海经》《易经》等是指传记，是解释以前的事情。

到现在陆羽的《茶经》是完成经典的制成，但是陆羽刚开始写的时候并不知道是经典，他只是说让茶有史可写，所以当我们读的时候发现一些章节很重要，但是过去没有注意，像第九章、第十章。刚开始，茶在南方是什么样子？生长在哪些地方？出产地是哪些？茶是怎么做的？怎么评饮茶？这些都是讲得比较多的……但是到第九章的时候，看环境。如果环境不一样，所有的东西都能忽略，但到了皇室又是一个都不能少的，有这个要求。

"用绢素写茶经，陈诸座隅，目击而存。"

最后一章"茶之经"历来被注释者忽略，其实陆羽说的就是，我们喝茶，需要找个主题，做海报（挂画），邀约人，认真对待，喝了还不算，还要作画、作诗，把这一天的经历写出来。这让你们想到什么？我们每周举办的"茶业复兴"沙龙不就是这样？有人泡茶，有人送茶，还有人专门照相，有人主持，有人讲话，还有人记录，最后在微刊上发出来。美好的茶事活动存下来，并广而告之，这就是陆羽在《茶经》里告诉我们的。

需要说的一点是，从宋代开始画画就职业化了。你是我的制作人，我就把我的画给你，我是名义上画画的人，但是钱是归你的，你按个章就是你的，传到日本后，因为字与画是分开的，经过不同人的手笔，就被剪成小画，剪成两半，字是字，画是画，适用于茶室的风格。

喝茶是日常行为，仪式感很重要，在过去的佛家体系、道家体系，很多人不清楚道义是什么，像佛经多难啊，但是不断地磕头，不断地转珠子，念阿弥陀佛，也能够成佛，所以形式大于教义，这是我的理解。喝茶也是这样，你端起杯子，不断端起杯子，茶味自在其中。

谈谈陆羽这个人，这个人很有意思，这两天有一个剧叫《择天记》，里面讲的一个孤儿顺水漂下，被人捡了，养大后逆天改命的传奇故事，很好看。

陆羽就类似这样的，《择天记》里有两句话也蛮适合陆羽：一句是"位置是相对的"，还有一句是"我想试试"。

陆羽本身就像《择天记》的主人公，是一个弃婴，突然出现在寺院门口，被一个老和尚救了，没有名字，也不知道父母是谁。他从小就生活在寺院，从小就被告诉无父无母，正是这样，让陆羽有了些小心思，问养他的和尚，"我们和尚是不是很不孝啊"。师傅听了急了，我们是和尚，怎么能说孝不孝呢，我们和尚是不讲孝的。然后师傅就骂他、罚他，说他思想不对，明明吃的佛家的饭，却想着儒家的酒肉，要罚，但陆羽并没有改。

他读了很多儒家的书，在牛背上放牛写字，后来老是被骂、被罚，不堪忍受，就跑了；做了戏子，然后被人发现了第一个才华，擅长写笑话集（失传了）；经大人物的赏识，在教书先生那里学习了几年，但是都不重要，陆羽写了很多的书，后来都失传了——刚好赶上了不好的时代，想要用学识报国，但遇上了"安史之乱"。于是，他从北向南，为写《茶经》打下基础，每到一个地方，均亲自考察茶。

陆羽的第一个身份是小和尚，第二个身份是戏子，第三个身份是士人（知识分子），最后变成一个隐士。

茶在陆羽这里，是需要发生关系的。就是开始我说的，要确定茶在世间的地位，在茶中寻找某种秩序。对于释家来说，茶能够提醒就足够。但儒家不一样，儒家必须建立人际关系。

陆羽是怎么建立茶与人的关系的？

他采用的方式很直接——追溯。追溯茶链上相关的人，重要的人，有名的。通过追忆，茶与华夏帝国发生千丝万缕的联系。通过追忆，茶也与陆羽发生了不可思议的联系。

在《茶经》里，陆羽的理想是尹公羹、陆子茶。好家伙，尹公是谁？

尹公就是伊尹。

伊尹又是谁？

他可太了不得了。在华夏史里拥有许多个第一，他是商汤的授业恩师，被誉为华夏有史以来的第一位谋士、第一名相；在他之后，谋士与君王有了联袂出现的现象，就像我们熟悉的那样——姜子牙与周武王、范蠡与勾践、诸葛亮与刘备……

伊尹还有个身份，厨子。

有一次，伊尹与商汤说起天下最好的味道。

商汤说："你说的那么好，问题是按照你说的方法，别人也可以做出这个味道吗？"

伊尹回答说："咱们这是小国，不可能具备所有需要的厨料，但要是你做了天子就不一样了，天天都可以吃到人间美味。"接着，伊尹开始了他的长篇大论：

"世上常吃的有三类动物，生长在水里的有腥味，食肉动物有臊味，吃草动物有膻味。所以说呀，不管是恶臭还是美味，都是有来由的。

"决定味道的首要条件是水，其次是木与火。

"甘（甜）、酸、苦、辛（辣）、咸这五味与水、木、火三材关系很大，同样的水，你烧九次就有九次的变化，次数越多变化就越多。

"火候掌握得好，懂得调节大小火，通过疾徐不同的火势就可以灭腥去臊除膻，这一关把控好了，做出来的食物才是原味，品质不会受到损害。

"调和味道离不开甘、酸、苦、辛、咸，什么用多、什么用少、怎么用，都要根据自己的口味。说到锅里的变化，那就非常精妙细微，

茶业复兴馆藏图书

不是三言两语就能说得明白。若要准确地把握食物精微的变化，还要考虑阴阳的转化和四季的影响。所以久放而不腐败，煮熟了又不过烂，甘而不过于甜，酸又不太酸，咸又不咸得发苦，辛又不辣得浓烈，淡却不寡薄，肥又不太腻，这样才算达到了美味的极致啊！"

伊尹还强调说："水之美者，三危之露，昆仑之井。沮江之丘，名曰摇水。曰山之水。高泉之山，其上有涌泉焉，冀州之原。"

如果以今天河北冀州为参照中心，那么伊尹所言之水都来自西部，所谓水往东流，源头之水才是高品质的保证，历代医家多次强调这一观点，好水在西部。

伊尹这个人，因为《本味篇》成了华夏的民间厨神，他拿厨房厨料来言说政治，是美食政治学、励志学的开山鼻祖。老子后来总结说"治大国若烹小鲜"、庄子说"庖丁解牛"之类，都是借厨子来总结伊尹以来的美食、政治与人生的关系。故历史上，有许多争夺《本味篇》的故事，大凡都有君王的参与，得《本味篇》者得天下，多么神奇啊。

厨子不好惹。

陆羽发现，伊尹居然与自己有着一样孤寂的身世。

伊尹一出生就是一个孤儿，因为在有莘国的伊水边被养母侁氏发现，便取名为伊。又因无人知道其父母是谁，他自幼便被当作庖人来养，整个童年和青年时代，大部分时间是躬身务农。在许多人的注解中，伊尹还是农家思想的起源，在另一个谱系里，他成为隐士的秘密源头。如果不理解这一点，就无法更深入理解陆羽之后的茶学。

在务农期间，伊尹花了很大的精力精研厨艺与体会尧舜治国术。

在有莘国与商国的和亲中，没有地位的庖人伊公被当做陪嫁品发配到了商国，因为他精于厨艺，便被安排到厨房工作。为了能见到商汤，伊公设了个局引商汤上钩，他对菜的烹调大动手脚，要么咸得下不了口，要么淡得无味。无常的饭菜终于引起了商汤的注意。

就这样，伊尹得到与商汤面对面交流的机会。伊尹后来以惊艳的厨艺和娴熟的政治才华征服了商汤，商汤把毫无地位的庖人一夜之间提为执政大臣，教导并辅佐自己成为新一代的天子。这个华夏史上最早的励志神话，造就了一个强大的王朝，伊尹的一生，几乎决定着商王朝的走向，他辅佐商代三朝，直到他百岁后去世。《诗经》中《长发》一篇，高度赞扬道："昔在中叶，有震且业，允也天子，降予卿士，实维阿衡，实左右商王。"这个阿衡，根据郭沫若的考证，指的就是伊尹。

不可避免，伊尹出现在了甲骨卜辞中——这是中国第一个见之于甲骨文记载的教师、大臣，与帝王并列，被后世祭祀。儒道的大家对他都很推崇，苏轼的陈词说，伊尹"辨天下之事者，有天下之节者"。节，是一个非常重要的传统。在唐代，陆羽对茶进行美学改造后，很是自得，他在风炉上铸出"伊公羹"与"陆氏茶"，认为"陆氏茶"是可以与"伊公羹"相媲美的，是致敬，也是一种自豪。

孔子整理过的《周礼》里，最大的官员便是大厨子（冢宰），阅读这本儒家经典之作，我们会获得非常强烈的饮食印象。根据张光直的统计，负责王宫事务的近乎 4 000 人中有 2 271 人是掌管食物和酒的，比例高达 60%，其中包括 162 位"营养"大师负责皇帝、皇后及皇太子的日常饮食；70 位肉类专家、128 位厨子负责"内宫"消费；128 人负责外宫（即客人）的饮食；62 位助理厨师、335 人专职负责供应谷物、蔬菜和水果；62 人专管野味；342 人专管鱼的供应；24 人专门负责供应甲鱼和其他甲壳类食物；28 人负责晾晒肉类；110 人供酒；340 人上酒；170 人专司所谓的"六饮"；94 人负责供应冰块；31 人负责竹笋；61 人上肉食；62 人负责泡制食物和酱类调味品；还有 62 个盐工。当然，这其中还不包括各种酒监与酒政。[1]

要治理天下，首先要过饮食关，"仓廪实而知礼节，衣食足而知荣辱"，物质与精神的关系，管子早有定论。只不过，在饮食这里，物质与精神二者被高度结合。当下，饮茶、喝酒被纳入大众休闲文化的重要部分，正是其他物质高度发展的结果，从食物到品饮的过渡，其本身就是文明的一大进步。在漫长的历史中，茶酒是精神的奢侈品，并非人人都能享受其精神价值。

我们注意到这样一个事实，后世大凡谈论美食的文章，基本都脱离不开伊尹的美食论，能做的只是在细节部分缝缝补补罢了。美食文章历代不衰，得益于伊尹的贡献，现在几乎所有媒体都有与美食相关的栏目，说中国是一个在吃方面辉煌的国度，一点也不为过。就连《山海经》那样的天书，一开篇就谈怎么吃动物，讨论吃后的利弊呢。

所谓山珍海味，就是美食江山的划分，一方有一方独特的食材与做法，这导致人们的味蕾记忆存在差异，吃大米还是吃饺子成为中国南北美食的地理界限，而海鲜与山珍又把沿海与内陆区别开来。这点，当下流行的《舌尖上的中国》已然把美食推向了更高的高度，厨神与茶神的过早结合，已经造就了华夏饮食的最高形态，调节并修理着不同时代华夏人的神经。吃饭喝茶再也不是单纯的生理需求，

1 安德森.中国食物 [M].马孆，等，译.南京：江苏人民出版社，2002：255.

还有许多精神追求——饮食可以爱国。

厨神对茶神的影响是显而易见的。

伊尹那套美食论、人生论几乎被陆羽全盘接受。

五味已经被伊尹说尽了，动物也没什么好说的，但茶可以。

生活在夏朝末年的伊尹，与陆羽一样，亲眼目睹了政治腐败带来的民不聊生，怀有一身绝技的伊尹只能隐居山林，直到他70岁时商汤崛起——他感知到这股力量会带来清明的政治，于是发生了伊尹变身为奴的一系列故事；伊尹通过自辱其身而达到所求，绝非我们今天励志故事所讲的那么简单粗暴。

伊尹的另一种叙事是，他一直在深山隐居不出，商汤闻其高才及贤德大义，于是派人前去请他出山，但屡次遭到拒绝，直到第五次，伊尹才肯出山。其后的事迹大致相同。

在隐士的追述中，伊尹也许不是第一个，但他的隐居策略引发了后世持久而激烈的争论，并不可避免地出现了分化。

因为看起来，隐居是一种不得已的手段，一种策略而已，《周易》上的解释是"天地闭，贤人隐"；另一方面，有些人是真的隐士，他们之所以被人记录，不是他们本身的意愿，汉代著名的"商山四皓"，一直拒绝出仕。只有在班固改造的故事里，他们才出山确认了一位新皇帝的合法性。赞同完全退隐的人中，最著名的就是庄子，他的"无为"理论很好地说明了这点。

陆羽是否真的愿意做一位真正的隐士，现在早有了答案，他拒绝了授衔，独自到山中，像战国农家所倡导的，自力更生，不过是多经营了一样植物——茶，而已。要做到这点，陆羽有着别人没有的优势，他无父无母无妻无子——这些在许多想做隐士的人那里，几乎成为一种"累赘"。

隐士有着丰富而多样的选择，陆羽的选择可以归纳为无条件隐逸；但另一些人，做不到陆羽这样，他们只能选择有条件地隐逸。开创了朝中隐士先河的东方朔在宫中撒尿，箕子用漆涂身，接舆披头散发装疯卖傻，他们的累赘太多。

　　隐逸的完善理论，在扬雄晦涩的《法言》里，几乎随处可见。

　　扬雄是陆羽追忆的另一个重要人物。

　　有人问扬雄："君子只要保持自己的道德修养就够了？何必还要再结交朋友？"

　　扬雄回答说，天地以自然之道相交，才能生育万物；人们以礼仪相交，才能获得成功。

　　伏羲画八卦给舜，然后找到天地的秩序，不然，礼仪多样，连圣人亦无从选择。选择一种秩序，决定以后以什么样的方式来治理天下。

　　有选择是一件好事，这样一来孔子才能周游诸国去传达教义，在鲁国没有人理会你，你可以去赵国，再去楚国……问题是，秦一统天下后，路径一旦被堵死，就再也没有机会，人就只能退——入江出海，择林穴居……

　　要是不这样，还有别的办法么？

　　有人再问扬雄："如何才能保持贞正义利而通达？"

　　扬雄回答说："时机不可出时便潜藏退隐，这就获得潜之正；时机适合时便腾飞，这就能获得义之和。无论潜隐还是腾飞都由自己决定，与时势机遇相符合，这就是通达顺利。"他进一步说："圣言圣行，不逢其时，圣人隐也。贤言贤行，不逢其时，贤者隐也。谈言谈行，而不逢其时，谈者隐也。"（孔子也说："贤者辟世，其次辟地，其次辟色，其次辟言。"）

扬雄的隐士观总结下来就是：懂得看时势，为人不能太死板。清楚自己在干什么，怀抱社会责任，其后不管你身在哪里——隐在山还是仕在朝，都不重要，重要的是，是否有高尚的理想，勇于去承担。这也是孟子赞孔子的地方，"时圣"者，看得清时局，与时俱进。

要是承担不了呢？扬雄接着说："皓皓者，己也；引而高之者，天也。子欲自高邪？"天命如此，与我有什么关系？

扬雄的观念直接影响天文学家张衡，张衡的书就是陆羽小时候最爱读的。

后者不仅为扬雄的《太玄经》作了详细注解，还画了一些必要的图说。张衡做了官，时不时充当皇帝顾问，提提反对意见，但心中还是有一套为人处世原则："仰先哲之玄训兮，虽弥高其弗违。匪仁里其焉宅兮，匪义迹其焉追？"意思就是先哲扬雄的教诲，虽理论高深，但我仍不敢违背；不选择仁者居住的地方怎能住下？不追寻义士的足迹如何能前进？

自幼熟读张衡著作的陆羽，不可能不受到他的影响，尽管在《茶经》里，留给扬雄的只有一句话，也尽管，陆羽选择的隐逸方式与他们都不一样，但扬雄该说的都说完了，方式多样。这也可以理解，为何陆羽尽管做了隐士，依旧会关注天下大事。

另一位深受扬雄影响的思想家王充说："士愿与宪共庐，不慕与赐同衡；乐与夷俱旅，不贪与蹠比迹。高士所贵，不与俗均，故其名称不与世同。身与草木俱朽，声与日月并彰，行与孔子比穷，文与杨雄为双，吾荣之。身通而知困，官大而德细，於彼为荣，於我为累。"

那么，还有一个问题需要回答，就是隐士能不能用文章来获得名声？陆羽写了一本茶书，这个完全退隐的人在世时就获得了"茶神"的称号，难道这不是一种沽名钓誉？

陆羽没有对这个问题做过回答，但扬雄有。扬雄批评了孔子、东方朔、伯夷、柳下惠，乃至许由等一干隐士对名声的看法后，转而推崇他的老师严君平（庄遵）和李弘（字仲元）。

严君平一辈子隐居成都市井中，以卜筮为业。据说他每天收够一百个铜钱保证生活费，就收摊回家闭门读书，也教授《老子》。严君平说卜筮固然是一种很低贱的职业，但可以惠及大众，当遇到一些大是大非的问题时，便可以言明厉害。"与人子言依于孝，与人弟言依于顺，与人臣言依于忠，各因势导之以善，从吾言者，已过半矣。"当然，严君平的成就不只是这些，他的《老子指归》被认为是禅宗兴起的源头，而围绕这本书的公案至今还未平息。

既然卜筮可以传道，文字可以传道，那么茶也可以。

陆羽教导每个人："用绢素写茶经，陈诸座隅，目击而存。"

茶道就在其中。

怎么读《茶之书》，才能正确认识日本那样的茶道？

日本作家冈仓天心（1863—1913年）写的《茶之书》，在茶书里头，其传播率仅次于陆羽的《茶经》。特别巧的是，刚刚由华中科技大学出版社出版的《茶之书》是我写的序。我的朋友萧秋水买了一本《茶之书》，她告诉我"非常好看，《茶之书》根本不是讲茶的"。市面上的《茶之书》有很多译版，昨天我看了一下当当网文化畅销榜和生活畅销榜，我发现两个榜单排在前五位的都有一本是写茶的书，说明最近几年爱茶喝茶的人多了起来。

有的人把《茶之书》买回去非常失望，三万字的书只有五千字左右讲茶，那这本书到底是讲什么的呢？

《茶之书》是讲东方式的审美，从我们的儒释道，讲到了空间、人，讲到了茶。

有一个著名的茶梗要讲讲。很多人拿着《茶之书》的日文版说，不懂日文就不要研究《茶之书》了，这就闹笑话了，其实冈仓天心写这本书不是用日文写的，而是用英文。我请教了很多人，都说这本书的英文原版文字优美，甚至美国的高中教材都引用了《茶之书》的内容，他们引用这本书不是学习认识茶叶，而是从这本书了解东方美学，这一点很了不起。

他为什么用英文写呢？他不是写给日本人或者中国人看的，他是站在东方人的角度写给欧美人看的。整个行为过程都是围绕"为什么"这个问题，告诉欧美人日本不是他们认为的那个样子，就像我们一直说云南人不是穿着少数民族的衣服、骑着大象、牵着孔雀。冈仓天心选择茶作为切入点，告诉欧美人日本真正的情况。冈仓天心有三本非常著名的书，除了《茶之书》，还有《觉醒之书》《理想之书》。

20 世纪初期，欧美人是以武力征服东方。我在《茶叶战争》里谈到过，大英帝国把东方作为征服的对象，马克思说过一句很霸道的话："他们不能再现自己，只能通过别人再现"。当年英国人入侵埃及的时候，只谈对埃及的认识，压根就不谈武力有多少。

武力不重要，认知才重要。这是萨义德谈"东方学"的一个核心，也是后来许多学者反驳的核心。冈仓天心是较早反驳的人，而不是一味地投奔到西方的怀抱。我们今天之所以会被打动，也与此有关。

想想当年英国才派了上千人就把印度管理下来，为什么？

我今天要讲的就是，冈仓天心处在这样一种历史压力下，要对西方说什么？

《茶之书》里，他谈到了许多中国的事情，比如宋朝人对待茶的理念和唐朝人不一样，不仅如此，两个朝代的人，他们的生命观也不一样。中国人在 20 世纪初，对生活已经没有热情，而宋代的时候中国人对生活充满了热情，有很多哲学家思想家，有很丰富的物质文明。今天我特别要说的是，为什么宋人会喜欢梅花，喜欢苦茶，就是与高度发达的物质文明有关。

冈仓天心说日本人为什么保留了文明，是因为他们成功抵御了蛮族的入侵，保留了中华文明。

那么宋明之学和唐朝有什么不同？唐朝人视为象征的东西，宋朝人在寻求的过程中更为现实。在宋代，人们认为天地不是世间万物反映出来的，而世间万物本身就是天地。涅槃掌握在我们手中，唯一不变的法则就是永远处于变化之中，让人感兴趣的是过程，最关键的还是经历完成的过程。

在宋代人看来，探寻生命的过程，本身就令人神往，而不是非要得出一个结果。在这个探索的过程中我体悟到了生命，体悟到了美，而不是一定要得出一个结论。这就说明人和自然是一种结合，是非常自然的，被赋予了意义。

饮茶不是一种消遣行为，而是一种自我实现的途径。

我们今天谈到的仪式感非常重要，在宋代，喝茶的时候都要在佛祖面前烧香拜佛，沐浴更衣。我以前举过一个例子，苏州有一个僧人，听说苏东坡要来了，就跑很远过去，沐浴更衣，去给他泡茶，以佛祖的名义聚集在一起。苏东坡也在诗中表达了不仅仅在乎当时的环境，泡茶的姿势多么优美，而且还在乎你为了给我泡茶跑了几百里路。很多人走了很远的路，等了很长的时间就是为了喝一杯茶，他把这种仪式感做得很足。

说到仪式感，最能体现的就是学校，上课时班长一喊"起立"，大家就齐刷刷起来，一起喊"老师好"，这就是仪式感。在传统中国，仪式感非常重要，比教什么、学什么都重要。冈仓天心谈到，为什么中国人对茶道丧失信心，就是被蒙古人摧残的；之后到了明代，我们把抹茶法丢了，而是选取直接泡茶的淹茶泡法。把宋代的那套

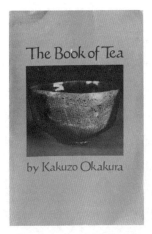

茶业复兴馆藏图书

礼仪丢了，到了清代又被满族人淡化了，到了他那个年代，我们就彻底丢掉了那套礼仪，但这一点我不太同意。

在冈仓天心生活的那个年代，冈仓天心很有危机感，他是以中华文明的继承者自居的，其实大部分日本人都是如此，过去网络上流传一篇文章，说崖山之后无中国，明亡之后无华夏。

冈仓天心特别强调，日本人在抹茶的时候有个茶筅，看起来就是一把刷子。我仔细比较过，宋代的茶筅和今天日本人用的很不一样，它更像一个木刷子，到了明代就演变成清理桌上的碎屑，叫"竹帚"，而不是像日本人那样用来打茶粉。

在明代有个著名的养生高手叫高濂，他写过一本书叫《遵生八笺》，里面写了很多养生学和大量与茶相关的内容。他和屠隆在为《茶笺》做注释的时候已经不知道茶筅是什么，有什么用途，所以制茶工具断代了。朱权发明了茶灶，把茶淹起来，形成了抹茶道和煎茶道的一系列东西，这些是冈仓天心的一个观念。

他还有个立场，他认为日本的茶道和英国的下午茶很相仿，先生们和女士们的下午茶很优雅，他们的茶道也很优雅。

我前段时间谈到一个观点，中国茶东渐，在日本形成了茶道，它被视为宋代文明的遗留，茶西传后，就形成了英国的下午茶。下一讲，我讲麦克法兰的《茶叶帝国》，会专门讲下午茶。日本茶道与下午茶完全不一样，日本茶道就是注重仪式感：造景、着装、插花、器皿。英式茶，也讲究场地，但注重的是聊天的内容。

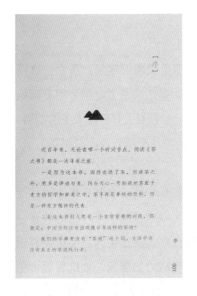

茶业复兴馆藏图书

同样在昆明，我们做的茶业沙龙就是注重聊天，弘益大学堂就是注重仪式，那种穿越感很强，我第一次见尚高德老师，就是在赵益钢的大茗府，他穿着宋代的衣服，带着全套的茶具，很有气场。

我以前参加过许多不说话的茶会，这种仪式感很强的茶会叫"止语茶会"。像我这样喜欢和大家交流，甚至有点话痨的人，就搞了沙龙这种开放式的茶会。每个人喜欢的不一样，我们可以选择日式的或者英式的，又或者"止语"的。

他们忽视了一个问题，明清以来中国茶最大的遗产就是"工夫茶"，《茶经》让我们喝茶有序、规范，"工夫茶"其实是延续了这种有序与规范。工夫茶本身就是纯中式的，它一直在发展，到现在全中国都在使用。随着潮汕人，特别是福建人在全球的扩散，越来越多的人都喜欢上了"工夫茶"。

3年前我去勐库，到茶山，当时那里交通很落后，茶农一直喝罐罐茶；今年我去的时候，他们就开始喝工夫茶了，学会用盖碗泡茶，全国各地都开始用工夫茶的泡法，工夫茶大有一统天下的趋势。最近一段时间，大家还在思考什么样的方法更适合冲泡普洱茶。

冈仓天心提到，100年前的中国茶不过是一个很美味的饮品而已，与人生理念毫无关系，中国人长久以来苦难深重，已经被剥夺了对生命意义的探寻，他们变得暮气沉沉，注重实际，不再拥有崇高的境界，失去了诗人与古人、青春与活力的想象。他批评说，中国人失去了唐代的浪漫色彩，也没有了宋代的礼仪，变得暮气沉沉、庸俗。

他这个例子就和我们当下很像，每天蝇营狗苟，忙着赚钱，连坐下来喝一杯茶的工夫都没有。想想不是很可悲吗？我经常在机场贵宾厅，遇到那些家财万贯，却低头匆忙吃方便面的人，难免感慨。

《茶之书》第一部分谈到，人情之饮，日本人为了改造禅茶一味，说茶树是达摩累了，割下眼皮后，丢在地里长出来的，而那个时候中国早就有茶了，他把茶史缩短了一大截。吴觉农在日本留学时就说："你把我们中国茶史缩短了很多。"有兴趣的勤快的可以去查查达摩来中国的时间，以及茶在中国没有争议的饮用时间。

冈仓天心最著名的一句话说"茶道是什么？茶道就是对残缺的

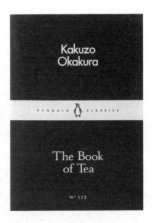

茶业复兴馆藏图书

崇拜","在我们明知不完美的生命当中，对完美的温柔试探"，这话很美，很醉人。

今天为什么很多人去日本学茶道，因为学怎么样做"止语茶会"相对容易，二是我们需要仪式感，需要这样的美感。

第二部分谈的是茶的流派；第三个部分是禅与茶。

第四章讲茶室，怎么样来布置茶室，来自维摩诘，他说学佛不一定要剃度出家，三个榻榻米，虽然小，但可以容纳一个人，也可以容纳十万人。我现在看，就不觉得奇怪了。比如我们的茶业复兴办公室，不过150平方米，一年也来了3000多个人。

渴望优雅，但要如何面对最世俗的生活？

我们每天起来就要刷牙洗脸上班，到了办公室就要开始打扫整顿，被上司批评，被同事超过……冈仓天心就说，他们每天到茶室，源于对茶的热爱，就要把茶室每一个角落清理整齐，每个器皿也要洗得干干净净。清扫是门艺术。艺术欣赏就是建一个空间，空间很小，但是干净整洁，他们在茶室挂画，并欣赏它。

我是最近才知道，日本有一套管理体系，叫5S管理，就与清洁整理有关。国内有家公司叫华与华，在推广这套管理体系。我在华与华老板华杉的解读中了解到，这真是一门值得推广的管理艺术。有兴趣的自己去查阅。

回到冈仓天心来，他举例说明我们到了一个小的茶室，不要烦，要和它发生关系，学会欣赏艺术，他举了伯牙子期高山流水的例子，书中写道："终有一天，伯牙来到古琴面前，他伸出一只手抚摸琴身，仿佛骑士在安抚野马一般，随后伯牙拨动琴弦，开口唱道四季自然、高山流水，霎那间梧桐木的所有都涌现出来，又一次，春天的香檀气息在枝叶间留恋，又一次，四溅的瀑布沿着峡谷纷纷落下，对着含苞待放的花朵展开笑颜，转眼间又听见恍恍惚惚的夏日之声，虫叫、蝉鸣、细雨蒙蒙……一个琴声里面把四季景物做了一个再现。"

我们喝茶也是如此，春天喝茶是什么感觉？夏天又是怎样？四季带来不同感觉，在艺术层面上，我们来和它发生关系，很大层面和我们的情操有很大关系。

茶从一开始作为药饮的植物，慢慢地变成了和儒释道相关的，那是我们的认知行为导致的，因为我们认为它是这样的，我们才会有这样的艺术欣赏，茶道本身培养了我们卓越的鉴赏力，让我们在这个过程中提升了精神境界。

所以说，每个人的习惯和经历都会让其形成一种特定的认知模式。只有这样，我们才能成为一个大师。所以我们所有的行为都是为最终目的做铺垫的，茶也是，花草都是。

第六部分，花道，他也谈到我们如何在花道中提高我们的鉴赏力。

第七部分，也是我谈得最多的一个部分，茶道大师千利休之死，很多读者在读到这一部分时哭了，丰臣秀吉把千利休赐死。

那么问题来了，为什么在中国没有日本的茶道？

刚刚我们谈到了茶道，著名学者孙机写过《中国古代物质文化》一书，他在 1994 年写过一篇文章，他说中国为什么没有日本茶道，是因为中国和日本历史背景不一样，对茶的看法不一样。他把中国茶理解成"柴米油盐酱醋茶"的茶，他把茶理解为一个物质，不把喝茶当作一个宗教行为。他还举例，茶神陆羽，在唐代生意好的时候被人供奉，生意不好的时候被当成茶宠浇开水，茶神天天被浇开水，在日本看来是不可能的，中国人实在是太现实了。

□学人书话　　●陈初越

茶：同情的暖流

酒和茶皆世界性饮料。关于饮酒，西哲海德格尔曾有番诗意的描述，大意说美酒，酒具皆出于自然的丰赐，人类捧杯畅饮之际，包含了对彼岸造物主无限神恩的敬虔感领，在完整的"饮酒"行为里，"天地人神"皆备其中。海氏于酒的神性称美有多幅，只是不知东方人在一壶茶中，是否亦可倾听神灵的跫音？

在西方，彼岸的信仰者带具迷狂与理智的双重气质，酒以其烈性，弥纶分裂，成为宗教性之寄寓；东方之神纯系于内在灵明，真味却依恰象征其天真自然的显现。

中国古代，茶的格位显然不是酒所能比的。酒量皆只是恭维做"酒仙"，而陆羽精于茶道，便独得"圣"名；提到"酒文化"，照例拿李白夸耀，但李白真正的成就是诗不是酒，酒仅是刺激灵感舒写性情的手段；而茶的地位则很崇高，陆羽将饮茶本身确立为一门提携人生的艺术，进而可说是审美性的宗教。一部《茶经》，试图通过饮茶建立和谐优美的生活秩序，题目便很隆重，读日本近代学者冈川天心的《茶之书》(中译为《说茶》)，书中对茶的神圣意味有番格外有力的评判："在乳白色瓷器

中盛着液体琥珀，精于茶道三昧的人将品尝到孔子的泰然宁静，老子的翠利淋漓，以及佛陀的超然风韵。"又赞美说："面对水中缓缓展开的茶叶，客人表现了对未来命运沉观的顺心，这里隐藏着至高无上的东方精神"。

茶有神矣。诚然，东方从未顶礼过作为全能者的"神"；古代中国的"三才"仅标举天地人，神仿佛是个缺席者。但识茶道者，东方之神自有其特殊的形态：他寓身于"天地人"的关联之中，等待在每个现场被揭示出来。人无需通过领取圣餐之类的仪式去接受神恩，在日常生活中即可直接参与神性的流转往化。茶道有何要素？仅是洁净的亭舍，朴素的杯盏，芬芳的植物叶片，滚热的清水，心心相映的友人而已，一切都具体地人性化，用罗兰·巴特的话来说便是"没有所谓灵魂来污染"，真正的茶道并不存在固定的礼仪，一切尽可因时因地来创造。参与者以礼还礼，饮尽杯中茶，微甘之意不惟留驻舌尖，亦弥漫了喝茶的小小空间，这里所表现出的宁静、简朴、谦和，无疑更接近宗教的本质。禅宗曾以一句喝然大喝"喝茶

去"，截断无数是非口舌，叫人看着自家当下面目，而禅与茶也确有天然的亲缘关系，都是要人在日常生活中认活改显暖的道，提升自己的精神境界。在古代，无论中国或日本，"茶人"大都无名，因为正如冈川天心所说："茶道大师努力使自己成为艺术，而不是艺术家"，同样，"茶人"在日常温馨行为中体现了神性，也就实在有必要再在茶宴上宣讲神性了。

天心对本民族的茶道十分自豪，并认为中国自宋代以后，茶道便退化成散漫的消遣，惟日本茶道保留了纯粹温良之美及对人生的观照，这确值得国人省思。当然，生于1862年的天心预想不到二十世纪饮料风格的变化：人们喝矿泉水，可口可乐遍饮全世界；即使在日本，茶艺馆也只是满足人们对古老仪式的好奇。然而有理由相信，正如神性在东西方采取了不同形式，"茶道"作为一种精神范式也会跨越时代，因为人总是希望自己所喀饮的不仅是解渴的液体，亦是将人与自然、社群联结起来的"同情的暖流"。

（《说茶》，[日]冈川天心著，张唤民译，百花文艺出版社1998年版。)

买百花文艺版的《说茶》，夹在书中的书评剪报

孙机的学生叫扬之水，她谈到我们今年的雅生活，琴棋书画诗酒茶不是从哪里来的，而是原本我们就有这样一种生活方式。中国传统的雅生活就是琴棋书画诗酒茶，罗振宇提出的消费升级，就是把"柴米油盐酱醋茶"升级为"琴棋书画诗酒茶"。

中国第一种雅生活是读书，有钱的人才买得起书，读书闷了就有了抚琴，最后有了棋，所以有钱人读得起书、懂音乐、有才，再加上一壶茶，中国古代的雅生活就形成了。到了晚清，茶馆变成了青楼，现在茶馆变成了打麻将的场所，所以现在我们要从恢复传统开始，很多人说把茶馆恢复成古代茶馆的模样（包含实质），就是恢复东方美学，我也是这样认为。

冈仓天心的《茶之书》为什么那么火？他其实谈的是一种文化的消失，刺激了东方，也刺激了西方，告诉西方人日本曾经有很多好东西，日本人才是文明人。西方国家中最优雅、绅士淑女诞生地英国，不也在下午茶里找到了文明的落脚点吗？

那中国为什么没有茶道？是因为文明的丢失，到了明代"茶筅"都消失了，文化传统也丢了。

现代，很多人随口就谈"匠人之心"、谈工艺，有用吗？我们读《茶之书》，其实很冒险，里面文字优美，但我们也会不安，在东方美学看来，茶已经不是一种饮料，而是一种东方文明，过去我们对这本书的褒贬就是在这里。

今天我们谈的第二个问题是，我们为什么没有像日本那样的茶道？

我们谈"茶文化"，日本人说日本茶道源于中国，钱钟书说日本茶道 "东洋人弄的茶道太小家子气"，比如茶道就是喝叶子的沫子，钱钟书喜欢立顿的袋泡茶，回到中国喝不到，就和杨绛喝滇红和安徽红茶拼配出来的红茶。说到拼配，是英国人在印度种茶，搭配各种调料制作出的英式红茶，与很多人所谓的正山、纯料所指的拼配就不是一个概念。

梁实秋写《喝茶》，开篇就写我不善品茶，不懂《茶经》，不懂道，整个贯穿其中，最后谈到工夫茶中的火炉距离七步，讲究得令人害怕，他很怕说错，小心翼翼。

周作人有篇文章谈吃茶，说徐志摩谈日本茶道，茶道就是忙里偷闲，苦中作乐。他读过《茶之书》这本书，还为这本书写了序言，序言就讲 30 年代出过《茶之书》，他为了写序言把冈仓天心的三本书都拿来细读。最后得出一个结论，为什么中国没有茶道呢？因为中国人对道和禅没有深入了解，所以没有宗教阻碍了茶道的诞生，茶道是宗教的行为。

中国没有阶级，而茶道这样的风雅之事在日本只有高阶层才有，并受到禅的影响。从表面上看，周作人的这种观点说得通，千利休就是为丰臣秀吉泡好茶，就出名了。更早的，荣西和尚也是用茶治好了将军的病，但在中国难道不也是这样？

陆羽的《茶经》难道不是得到了权贵的支持才得以推广？宋代更是，连皇帝都参与了茶推广，所有的精致都是士大夫的玩法，那为什么到了民国这些风雅之事就没有了？人们开始喝袋泡茶，周作人喝茶都被人骂，大家可以参考我们的著作《民国茶范》，所以我觉得不成立。

茶的第一个属性就是药理，第二个是通灵，第三个是心境，所有人喝了都很愉快，最后才是饮品。民国时期的人，钱钟书、周作人都去留过学，同期的冈仓天心用英文写《茶之书》宣扬茶道，铃木大拙向西方人宣扬禅宗，著名的苹果之父乔布斯就是铃木大拙的信徒，家里只有台灯，铃木大拙的存在主义影响了很多西方人，所以这两个日本人很了不起，除此之外，还有我的偶像村上春树。

他是当下对世界影响很大的日本人。这三个日本人一个谈茶，一个谈禅，一个写小说，而我们没有这样的人物。

冈仓天心像
下村观山作
东京艺术大学藏

100 年前懂英文的日本人积极地向西方介绍东方的文化，这三个人对话西方，我们也对话西方，但中国似乎从西方搬来的更多，忘记了输出。现在，难道我们不该反省反省？现在也许是说茶最好的时机。

（本文由陈朦整理自周重林为茶书馆成员做的直播演讲）

《绿色黄金》与茶叶帝国的崛起

周重林：今天的沙龙是关于书的，也是茶书馆计划中讲茶书的第五讲，之前讲过《茶叶战争》《茶叶江山》、陆羽的《茶经》和冈仓天心的《茶之书》，今天要讲的也是非常重要的著作，英国皇家学院院士麦克法兰教授的著作《绿色黄金》，为什么讲这本书呢？这本书在茶圈子里非常受推崇，可以说影响了我的很多研究和写作。

今天讲的这个版本和我有点关系。2014 年，《茶叶江山》在北京和静园做了一个沙龙，来了个大理人董风云，他从法国留学回来，开了一家公司叫甲骨文，专门翻译国外优秀的著作，我就建议他出《绿色黄金》，这么好的书为什么不出呢？于是他就购买了版权，之后请我做校对工作。

我第一次读到这本书是在茶马古道研究所工作的时候，人类学博士凌文锋推荐给我看，他说非常棒，一定要买来看。但是买不到，没有地方卖。这么好的书为什么买不到？为什么谈论它的人那么少？为什么没有引起关注？当时我就想如果有机会一定要出版。我当时看的是台湾版，细致看了之后发现翻译有很多问题，我也有兴趣，就对老版本做过一些纠错的工作。新版本出来之后，我做校对，印刷出来效果还不错。前段时间作者麦克法兰来到昆明做讲座，我还有幸拿到了签名版。

王冲霄，中央电视台纪录片导演，第一次看到《绿色黄金》这本书的时候说"惊为天人"，他觉得从文明史角度讲茶，这是第一本，而第二本就是《茶叶战争》，在这两本书之前从来没有以这么高的高度去写茶。我研究人类学的朋友就问我：你不是人类学家，为什么去关注人类学的问题？这个也是很有争议的话题。

麦克法兰关注的是茶叶帝国——英国如何通过茶叶兴起的，我关注的是近代中国是如何因为茶叶衰弱的，这个很有意思，一起一伏，很棒的话题。

今天除了我讲，还邀请了云南大学民族学与社会学学院的副教授覃延佳老师，还有麦克法兰的超级粉丝李扬一起讲，大家也可以各抒己见。

覃延佳：我先讲讲我对这本书的看法。去年接触到这本书后就认真读，为什么这本书让茶叶重新有了自己的角色？我有三个观点：

第一，在整个现代世界体系中，茶到底扮演什么角色？麦克法兰为什么写这本书？不是一时兴起，他是人类学教授，他的这本书不是科普性的，而是带有学术思考价值的。他在开篇序言里就说明了，一是他在研究资本起源的时候遇到问题想要找到答案，另一个是少年时期的他在茶园长大，想着早年的经历和贸易流动，是否可以解答资本主义在世界的发展？于是开始了追溯的历程。他重新把东印度公司很多档案资料翻出来，包括梳理15世纪之后茶在欧洲的传播。研究资本主义起源最重要的两点，一个是资本，一个是工人。资本有很多人讨论，但是工人如何在现代世界体系工作？最后他发现，茶叶具有预防工人疾病的重要作用，所以饮用茶叶对工人工作效率有很大提升，才促使资产阶级、工人阶级的形成。

第二，这本书对我们的启示，让我们看到茶叶对人的身体有作用，以及如何制造公共交流的空间，让我们看到了茶叶如何成为促使整个英国崛起的重要因素。与此同时，他也讲到印度北部的茶园，英国的茶企、劳工、种植主如何参与到世界现代体系的建构中，从我自己的专业角度来看，这本书虽然是讲茶，但却是理解世界文明的重要切入点。

第三，从微观的世界体系来看，我们和周围外在的物质文化，勾连成人类文明的切入点。日本的一个人类学家，名字叫大贯惠美子，她写了一本书——《作为自我的稻米：日本人穿越时间的身份认同》，通过稻米来讲日本文化精神和社会内涵的基质是什么。这

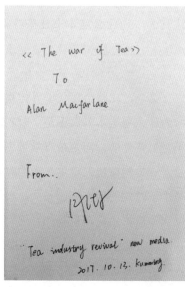

《 The war of Tea 》

To

Alan Macfarlane

From..

"Tea industry revival" new media.

2017. 10. 13. Kunming.

茶业复兴馆藏图书

本书给我很大的启发，我们通过像茶、米这些和日常生活紧密关联的东西，获得了观察世界的另一个角度。再比如美国人类学家西敏司写的《甜与权力——糖在近代史上的地位》，作者的思路很明确，糖作为连接世界之物，是影响现代世界体系发展的重要因素；其中哥斯达黎加这些地方的工人如何影响世界，这和糖的广泛应用很有关系。

所以我们发现一个很重要的问题，关键性物件为什么重要？茶除了生理之外，还有文化的体验，就像周老师在日本考察的时候，他看到茶道表演是付费的。所以这个物件能够满足日常生活，建立密切的结构。另一方面我们在饮用的时候，衍生出意义的生成，所以和我们日常生活相关的，就像弘益大学堂讲生活的美学也是一个道理。物本身在我们生活的世界有它的社会生命。茶叶，从采摘到品饮，都是有社会生命的。我们可以去思考，围绕这个茶，用格物的思维会有新的概念。

实际上，麦克法兰这本书，是在政治经济分析框架下来开展的，他很注重物品的功效，这是政治经济的分析，给我们很大的思考。虽然中国有很多人研究茶叶，但是在文化上着力多，然而茶叶生产流程和总体产业规模、怎么和文化之间建立有机的联系，是需要我们思考的。

麦克法兰运用的材料，给我们带来世界视野，从上帝角度去理解茶在全世界的流动。茶到印度、到斯里兰卡，甚至到肯尼亚，在这个基础上，实际上茶业复兴的团队已经在做这个事情了，比如周老师启动了古六大茶山的研究计划，回到人类文明的同时，赋予茶叶的发展和茶文化新的意义，有更加坚实的路径，不仅是讨论纯文

Roden der Baumstümpfe. Berghänge oder Hügelwellen sind dem Teestrauch günstig: das unzuträgliche stehende Grundwasser wird vermieden, eine kräftige Sonnenbestrahlung erreicht.

清除残桩。

灌木茶树宜生长于山坡处或丘陵地带：既能避开不利的地下水，又能获取充足的阳光。

陈俏 / 翻译

化，还把政治经济、现代产业规模、文化行为这几个串联起来，这是具有开创性的事情。

周重林：为什么我们会关心这个问题？麦克法兰为什么会有这个命题？《现代世界的诞生》里第一篇就谈到如何提问？如何向世界提问？为什么会在那个时间点谈《茶叶战争》？这很重要。什么能代表中国符号呢？你就会去寻找，回到更深远的传统，就是格物致知的传统，陆九渊、朱熹早就看到并解决了今天困扰我们的问题。

在日本时我们发现，你认为存在隔阂的东西在他们那边没有，我们觉得有个上升的阶梯存在，实际上没有阶梯，社会发展中也是没有的。

陆九渊说，艺就是道，道就是艺，回想起来这是一句石破天惊的话。

生活很艰难，我们喝一杯茶，在茶中寻找沉醉。一个朋友随身会带很多茶，他也觉得世俗很烦躁，须有一泡茶可以沉醉。我觉得我读书也是这样，需要专注进去。

我在东京看到一句话——"平常是道"，日常就是道。过去是分离的，到我们现在又没有这种，我们努力恢复的恰恰是这种"日常就是道"的理学传统，日常的事情就是很简单的事情，就没有大道理。我们喝茶也是如此，茶有很多物理属性，你爱它，讨论一些关于它的有意思的东西，但回过来还是要对眼前的日常负责。我经常说一句话，"我们可以有优雅的内心生活，但如何面对世俗生活"，

Säen. Die kirschkerngroßenTeesamen, die am Strauch in runden, braunen, dreigefächerten Kapseln wachsen, werden im Frühjahr ausgelegt; in der Gegenwart werden die Teesträucher sehr viel auch aus Stecklingen gezogen.

播种。

生长于灌木丛中的茶树种子约樱桃核大小，为棕色圆形三室果，通常在春季播撒；现今的茶树种植很多亦采用扦插的方式。

陈俏 / 翻译

面对很多琐事的时候，该怎么办？倒杯茶犒劳一下自己。

李扬：周老师说了很多，如果我要找个偶像，第一个浮现出来的就是麦克法兰，我了解他也是通过《绿色黄金》。这本书印得很少，当时我看完之后，首先对我自己的学科产生了很严重的怀疑。我的本科和研究生期间学的都是茶学，茶学学的是什么？茶叶科学，研究的是很具体的东西，总结来说，要强调内含物质是什么，其中有一个叫茶多酚，如果茶叶中没有茶多酚这种物质，茶学这门学科就会取消，意思就是我们的研究就是建立在茶叶内含成分尤其是茶多酚的基础上。

学科往回推的时候就回到《茶经》这本茶叶说明书。回顾整个中国茶业历史，先有陆羽，然后有蔡襄等。实际上你看完《茶经》之后，再看后面所有的历史文献，都是在《茶经》的基础上做延伸，所有的中国茶学被《茶经》一本书掩盖，"当代茶圣"吴觉农也要写一本《茶经述评》，证明他的存在。包括现在陈宗懋也要写中国茶经，云南的张芳赐老师也写过。实际上他们研究的所有板块都要想方设法挂到《茶经》的体系上，才能登堂入室。

当我看完《绿色黄金》之后，突然觉得学科好像有点问题。《茶经》是不是很牛？是的，但这只是一棵树，整个人类的文明史是一片森林，你就在一棵树上做研究，不管你研究得再深入，对森林的认识也是缺乏的。通过阅读《绿色黄金》，你会知道，如何去转换你的视野，当你的视野从中国跳脱以后，回过来看，会觉得很可笑。只有你开始转换思路之后，尤其是以不同文明视角来看待这个问题之后才会发现，这些东西在《茶叶战争》里也有体现，都很有意思。

Ernte. In alter Zeit schon im zweiten, heute üblicherweise im vierten oder fünften Jahr werden die jungen Blätter von Mädchen und Frauen gepflückt; zwischen März und September gibt es in China vier bis fünf Ernten-in Indien fas das ganze Jahr über bis zu dreißig.

采茶。

旧时在种植后第二年即开始采摘，现今多由采茶女于第四或第五年开始采摘鲜叶，在中国三至九月间会进行 4 到 5 次采摘，而印度地区全年采摘则可达 30 次之多。

陈俏 / 翻译

Sortieren des Tees. Nach dem Dämpfen, Trocken, Rollen und Rösten ist das Sortieren der Teeblätter nur einer der mannigfachen Arbeitsgänge zur Herstellung des grünen chinesischen Tees.

茶叶的分类拣选。

分类拣选仅是绿茶众多生产工序中的一道而已，之后还要经过萎凋、杀青、揉捻和烘焙。

陈俏 / 翻译

Die Ernte wird von einem Aufkäufer des hong (Teehandlers) in Baumbuskörben abgewogen. Rund Dreiviertel ihres Rohgewichts verlieren die Blätter beim Trocken und Rösten.

鲜叶放在竹筐中经茶行过磅收购，在杀青和烘焙的过程中，鲜叶会失去大约四分之三的毛重。

陈俏 / 翻译

参加讲麦克法兰的讲座，听他讲关于尼泊尔的主题。

很多地方到现在，比如他研究的尼泊尔那个区域，仍然是一个极其原始的农耕文化社会。英国的变化路径和其他任何文明变化路径也不一样。

我也看了很多其他的人类学家的书，但我认为表达最好、让我最受启发的仍然是麦克法兰。他的态度非常好，作为一个宗师级别的人物，他的态度总是非常谦逊，对于任何他不了解的东西都保持谦卑，当然他的优点是说不完的，通过《绿色黄金》，我确实学到很多。

在这个基础之上，我说下我自己学茶的经历，为什么我对茶叶的理解等进步得比较快？实际上并不是因为个人多聪明或者多勤奋，而是因为在最初的时候构建出了一套有效的认知方式，这个方式就是《绿色黄金》给我的方式，或者说是一种人类学的方式。

周重林：麦克法兰有个很重要的观点，茶叶为什么会促成英国的崛起？有人说你是不是夸大了茶的作用？可你本来就说从茶开始谈的啊。

麦克法兰有一点我是认同的，他分析了欧洲和东亚的人口，提出很有趣的问题，为什么亚洲人口多，欧洲人口少？不是因为亚洲人能生，而是欧洲人的存活率低。欧洲疾病多啊，中国人、日本人喝茶，茶能消灭细菌，母亲喝茶保证母乳安全，这就能保证人口存活率啊。我顺着他的思路做研究。实际上最初茶叶进入日本，就是因为荣西和尚认为茶叶能让日本民族健康起来，荣西把茶引回去救

Während für den Transport des Tees innerhalb des alten Chinas festverschlossene, mit Reispapier ausgelegte Bambuskörbe benutzt werden, stellt man für den Export Behältnisse aus Holz und Metallfolien her.

旧时中国人将茶叶密封于内置宣纸的竹筐中进行内陆运输，而出口的茶叶则装于用木头和金属箔制造的容器里。

陈俏 / 翻译

将军，讨好将军，带回去的茶果然治好了将军的病，将军于是大力推广茶。路易十四将茶在法国推广，也是听说东方人没有心脏病就是因为喝茶，母亲喝茶，婴儿能存活还免于疾病。

英国的工业革命，不同的人围在一起，不戴口罩，要防止细菌滋生就要提供茶水，除了茶有没有其他东西？有，啤酒，但是太贵太浪费。所以茶就变成一个"苦的权利"，蔗糖和茶是同步进入英国的，一苦一甜。茶就保证了它的有效运转，更重要的是大家不能喝酒，工人必须理性操作机械。

另外一个，下午茶的出现改变了英国阶层。过去，女性在欧洲都是穿束胸装，很紧身的衣服，穿个衣服都要很多人帮忙。为了泡茶特意穿上茶会服，穿宽松的易泡茶的衣服，让妇女解放了，让女人有了位置，改变了女人的命运。过去英国的咖啡馆、酒吧，女人是不能进入的，但是下午茶是女主人来统领的，有蔗糖、蛋糕。

茶叶还完成了英国的财富积累。英帝国在全球扩张哪来的钱？靠茶叶，东印度公司的经营占到了英国收入的十分之一，还有商队模型。因此茶叶在英国就像蒸汽机一样重要。还有信托业、保险业，乃至整个金融系统都围绕着茶叶在转，所以茶叶拉动了一系列的东西。一个不产茶的国家，以茶著称。

这本书很了不起的地方就是开拓了视野，不仅看到树木，还看到森林。我以前看到一本书叫《玉米与资本主义》，现在云南都有马铃薯学院了。我们背后的书架上有很多书，都是和植物启示有关的。我们今天讲察言观色也是受植物影响，不喝茶之前喝五香饮、五色饮，都是相互替代的。茶叶以及前些年流行的红酒、现在火得一塌糊涂的日本威士忌，都是人类对嗜好品无止境的追求。哥伦比

Vor dem Einfüllen der Teeblätter, das die Bauern schlicht mit den Füßen besorgen, sind die Metallbehälter mit dichtgeflochtenen Matten aus Bambusfasern oder Sisalhanf verstärkt worden.

在把茶叶装入用竹条或剑麻密编而成的篓筐之前，茶农会将里面的金属包装层用脚踩实加固。

陈俏 / 翻译

Kulis beladen ein Schiff. Da die Straßen für Wagen selten geeignet waren, mußte der Tee auf den Schultern zum nächsten Fluß getragen und auf dem Wasserweg zum Ausfuhrhafen befördert werden.

由苦力搬运装船。

通往临近河道的路径鲜能通车，只能通过苦力肩挑背扛，将茶叶装船之后再经由水路运至港口。

陈俏 / 翻译

Kisten aus leichtem Tannen-oder Fichtenholz werden mit Metallfolien ausgeschlagen, die aus (verzinktem) Blei bestanden. Jede Kiste faßte etwa dreißig bis vierzig Kilogramm Tee.

包装箱采用轻便的杉木或云杉木制成，内附（镀锌）铅箔纸。每箱大约可容纳30—40公斤茶叶。
——红色标注处按原文译出：但是否真的是镀锌铅箔有待考证。

陈俏 / 翻译

310

亚下西洋寻找辣椒、香料之路，以色列的香料之路，中国的茶叶之路，这些都是影响深远的线路。

过去我们谈茶，视野很小，难得有书从文明角度来写，茶的视野一定是可大可小的，一定会有更多书出来，会有更广袤的前景。

书友：我是云南大学民族生态学专业的研究生，毕业论文打算研究和茶相关的领域，在诸位老师的推荐下，仔细地读了读这本书，谈一点浅薄的看法。

茶是一个物的范畴，麦克法兰的研究不仅融入了茶本身的意义，同时还梳理了世界史。最先有人发现茶，继而人们对茶赋予社会和文化的意义，使得茶本身发生了意义之后，再去定义人，刚开始都是阶层较高的人才能喝得起茶，用喝茶来定义自己的社会地位，这是文化重新建构的过程。

还有一点，从中引申出来的，茶还有一种文化再生产的功能。茶本来只是一种非常普通的农作物，在市场经济的推动之下，变成经济作物。随着文化水平、认知水平的提高，茶不仅仅是经济作物，还变成了文化的一种符号。据我所知，景迈山的茶王节，是非常久远的传统节目。近些年来，随着茶叶经济的兴起，其他地方也开始办茶王节，这样的一种方式推动了文化的再生产。

再有一点，人们对茶叶的认知观念，也是在不断地转变和重新塑造。很久以前，茶是农作物，花费很少的人力、物力去管理，是放养型的；到第二个阶段，20世纪五六十年代，台地茶流行，为了发展经济，大规模人工种植茶树；现在又开始注重生态茶，又回到原始放养的方式。茶叶生产种植的历史变迁，能反映出人们对茶生态观念的变迁。

Im Ausfuhrhafen übernehmen die Leiter der europäischen Niederlassung den Tee, der nun in die Seekisten umgeladen und dabei wieder von Kulis eingestampft wird-ein ersichtlich heiteres Geschäft.

茶叶在港口由欧洲驻地分公司的负责人接管，转装于海运箱的同时再经由苦力们将其捣碎，无疑是桩愉快的买卖。

陈俏 / 翻译

李扬：刚刚她说的景迈山，这个要请教覃老师，关于景迈山的唯一的一本以人类学视角写的书就是覃老师写的，他可以解答景迈茶王节的传统，这是一个典型的地方性知识。

覃老师：刚刚那位同学的专业是民族生态学，还在寻找研究路径。景迈山上的布朗族的茶王节，本身是很有仪式感的，对茶的文化实践，用了很有标志性的词"地方性知识"。我们讲民族讲得最多的就是"民族的就是世界的"，但是问题来了，我们呈现民族文化的方式，和世界认知的方式两者之间是有偏差的，这就是我们为什么要读书。李扬讲到麦克法兰提到的一个认知路径就是离开树木回到森林，做人类学研究，到寨子里遇到一群茶人等，小的议题和世界文明如何建立一个勾连，就需要回到一个区域，回到西南。

世界上研究人类学最有名的地区是非洲，那里保留了太多语言、部落、宗教仪式，研究者到了殖民地之后，想追溯不同人类文明的模式。比如吃人肉这个传统，到底有没有吃人肉的习俗？研究发现确实有，很多部落的人认为吃死人的肉，是一个帮助死者升天的捷径。

再回到印度，有些人死了之后不能埋葬、不能火化，只能让兀鹫吃掉。BBC做了个调查，研究印度兀鹫的消失。印度人不吃牛肉，牛死了之后都要给兀鹫吃。但是在2001年到2005年间，兀鹫大规模死亡，腐肉没兀鹫吃，野狗吃，野狗繁殖造成狂犬病增多。调查者说如果要拯救印度生态系统，就要找回兀鹫。可解剖死亡的兀鹫发现，兀鹫肝脏有损伤，是药物作用。原来是印度兽医给牛打的药水，

Die verschlossenen Kisten sind mit weißem, gelbem und rotem Reisstrohpapier beklebt und mit Firnis bestrichen worden; in Antiquaschrift ist als Qualitätsausweis das Zeichen des hong, des Händlers, aufgetragen.

密封箱用白、黄、红色宣纸贴条，用清漆以拉丁字体注明茶行标识，作为品质的象征。

陈俏 / 翻译

导致了兀鹫死亡。所以必须停止这种药物售卖。终于花了两年半的时间，兀鹫又回来了，生态也平衡了。

我们讲茶也需要有大的系统认知，小的地方到大的文明需要区域性的认知，云南就是很好的例子。从茶的历史来说，福建可能占据对外贸易的大头，那边是主要产区，但是现在为什么提西南崛起？你翻开麦克法兰的书，还有很多研究茶的书，都要回到西南，因为西南是公认的茶的起源地。

大家搜一搜 BBC 关于阿萨姆的纪录片，讲印度茶叶工人的。记者很勇敢，拿了一小包红茶，50g 红茶价值 750 卢比，问茶工多久能买得起这包茶，茶工说工作一周时间才能买得起，可他们每天采摘几十公斤这样的茶。

我们现在去茶山，茶农有古茶园及对茶的认知，和印度工人对茶的理解完全不一样。印度茶工只是工作，到了时间打农药、采摘，然后得到报酬，完全工业化模式。但是在云南，这一片茶园是自家的，通过茶园建立起对外面世界的理解，茶山上从罐罐茶到工夫茶的演变就能说明这一切。李扬讲到祭茶祖的事情，也是文化上很重要的东西，只有放在云南才有用，独特的人群和独特的区域，小的民族到大的区域再到茶叶文明，植物和我们生活方式之间的关联，围绕茶给人类文明提出来一个解释路径，这是地方性知识的意义。

麦克法兰提供的视角是宏大的，我们可以更进一步。周老师提出古六大茶山的重新书写，如果我们在未来十年比冈仓天心、比麦克法兰再多走一步，带着我们一起讨论、多阅读、讲好茶的故事，贡献给茶界和世界，是完全有可能的。

书友：今天全场学茶学的人，除了李扬师兄还有我。我也很苦恼很困惑，找不到很好的方法，只能去坚信。我以前没有接触过这

Mit Musik und Schauspiel, Kind und Kegel wird die glücklich eingebrachte Ernte gefeiert.
人们全家出动，奏乐观戏以庆丰收。

陈俏 / 翻译

本书，我在学习香道，接触植物学和文献，茶确实是一种植物，从农业史来看，茶的历史和其他作物历史殊途同归，与烟草、玉米发展历史脉络都一样，推荐这本书，我会回去好好看，很大的格局下看一个小小的元素。

张京徽：我是周老师的朋友，早就应该来的，这是第 106 期，这个沙龙持续这么久很不容易。在昆明这个"文化沙漠"里做这么一件很有文化的事情，而且是在茶叶这个领域，非常值得敬佩。

我是茶叶门外汉，今天来学习的。我就说一下周重林，他最开始写书的时候，坚持送书给我，他送的东西比我女朋友送的还多。慢慢地我开始喝茶，领悟到其中的乐趣，由一个低级趣味的人变成高雅的人，有时间要多参加下这样的沙龙。

书友：这是我参加的第五期茶业复兴的沙龙，很感谢这个平台。看到一篇文章，说中国茶年产 320 万吨，普洱茶年产 10 万吨，最少一半进入仓库，消耗的只占到 1%。从大数据看，100 个人中，99 个消费的是其他茶叶，这里提到一个观点，能否让普洱茶的茶价更低一些，更好喝一些？我看过一部电影《寻访千利休》，里面有一个观点：一生事一茶。在茶业复兴的影响下，我们可以坚持去做这些事情，也希望茶书可以多搞优惠活动，每次想买，可价格很贵，感谢！

周重林：张京徽说了很重要的问题，像昆明这样的二线城市有没有讨论严肃问题的能力？我们会不会、能不能讨论？这很重要，我们想努力通过阅读找到一些边界。

茶价贵，这个是误区，大益的很便宜，藏族聚居区 10 块钱的砖茶很多，为什么你会觉得高价？是因为我们的关注点在高价，高价天然具有刺激中枢神经的功能。茶书确实贵，但其实全世界的书都很贵，《茶叶战争》德文版 22 欧元，折合 170 多元人民币，我这里

HANS G. ADRIAN

Bilderbuch zum Tee

有很多台湾的书，随便一本五六百，大陆的书真心不算贵的。不过，我们有时候也会考虑降价，会多搞点促销活动。

沙龙多讲才能讲得好，沙龙的目的就是要多讲话。过去没有讲话的机会与空间，我们只能自己创造机会，你讲得多了就不紧张了，我们提供专业的平台，每个人都有这样的机会。

现在哪家茶艺表演是付费的？日本是收费的，你付钱就是为了看茶道表演。我们的表演是免费的，目的是卖产品。

茶业复兴沙龙除了讲述的，都是要收费的，当然不是收参与者的钱，而是收企业的钱。我要做读书沙龙，就是希望大家有这样可以讨论严肃问题的机会，这点非常重要。每天追热点，我们慢慢地放弃了严肃思考的空间，沙龙这样的场合，谈完了之后，内容经过整理后多次传播，让更多人介入。

（整理自茶业复兴沙龙第 106 期）

红汤茶的发展简史

生人与熟人、生食与熟食、生茶与熟茶……在我们的认知系统中，"生"和"熟"是一对很常见的对立结构。在著名人类学家列维·施特劳斯看来，人类的思想是各种自然物质的一个贮存库，从中选择成对的成分，就可以形成各种结构，"生"与"熟"构成了当下普洱茶的表意系统，这一系统的形成和发展与我们的文化密不可分。

在大多数人接受这种区分之时，也有人对这种区分抱有很大的怀疑甚至是反对。其中最有影响力的发声来自邹家驹先生，他通过公开演讲、出版书籍等多途径表示：我们要正确认识生茶，要修改标准，要让消费者知道生茶的本质就是晒青绿茶，而晒青绿茶不是普洱茶。

邹家驹先生多年来都在坚持这一观点，每一次论证，都有新的材料加入，邹先生反复提出，未经发酵的大叶种晒青绿茶（生茶）酚类物质过高，过于刺激、不适合长期大量饮用；另一方面，出于产业健康的发展，对生茶的过分推崇也是危险的。最近，邹家驹先生《正确认识生茶》的讲座又引发了普洱茶界新一轮的热议，很多人参与了讨论，很多人默默围观。

普洱茶的历史悠久，但是普洱茶产业的发展时间还很短，在这个阶段，我们需要不同观点，我们对普洱茶的理解和认知需要在争论和混乱中逐步完善；这个过程，可能漫长，但意义重大。去年6

月 29 日，周重林先生 《普洱熟茶编年史》首发，这篇文章首度揭露了很多重要文献。一年之后，在普洱茶生熟之争又起的时刻，我们重刊此文，希望不断讨论，可以让我们更接近真理；也希望每一次讨论，都可以让我们完成对普洱茶的认知体系的进一步梳理。

我们所面对的不同人和观点，来自不同的认知渠道，我们可以通过不断的学习和思考，去修正我们的认知模式。

想完整了解普洱茶的历史，非常不容易。

历史上的普洱茶与今天的普洱茶不是一个概念，其中熟茶的历史又是非常独特的，我们将今天的通用概念，比如普洱熟茶、发酵茶、边销茶之类说法进入历史语境后，会发现很难准确描述，好在先人

已经使用过一个非常有用的词汇——红汤茶，就是红色的茶汤。

汤是红色的，这是相对绿茶与绿汤的一个直观感性的描述。

要喝红汤茶的人，先是藏区的人，然后是香港以及南洋的人，这是消费群体的画像。

云南境内的景颇族、德昂族也吃发酵过的茶，但他们追求吃茶叶，而不是喝汤，这点也要特别注意。

红汤茶可能是最早的一种消费地与产地合谋的产物，也可以说是最早的一种成规模的市民定制茶。市民从自身消费习惯出发，要求原产地做出回应，由此引发了一场消费观念的革命。

产区怎么做红汤茶

那么，产地的人是怎么回应消费者要求的呢？

要做红汤茶，工艺很重要，原产地是如何来解决这个前所未有的难题的？

经过无数次实验，制茶师傅发现，导致普洱茶短时间里巨变，有两个重要因素：水与温度。用今天的话来说，就是让微生物发酵。

1939年，李拂一记载了勐海地区的做法，并且已经有了初步定论，验证了这种工艺的有效性。这种工艺，可以说发挥了民间制茶的很多经验。

佛海茶叶制法，计分初制、再制两次手续。

土民及茶农将茶叶采下，入釜炒使菱凋，取出放在竹席上反复搓揉成茶，晒干或晾干即得，是为初制茶。或零星担入市场售卖，或分品质装入竹篮。

入篮须得湿以少许水分，以防斋脆。竹篮四周，范以大竹箨（tuo，俗称饭笋叶）。一人立篮外，逐次加茶，以拳或棒捣压使其尽之紧密，是为"筑茶"，然后分口堆存，任其发酵，任其蒸发自行干燥。

所以遵绿茶方法制造之普洱茶叶，其结果反变为不规则发酵之暗褐色红茶矣。此项初制之茶叶，通称为"散茶"。（李拂一，1939年）

当时做红汤茶，就强调要去绿茶化。李拂一在1935年就把做好的红汤茶寄到汉口求品鉴，得到的结论是品质优良、气味醇厚。当时的汉口茶港，是中国茶叶出口的重要港口。

李拂一

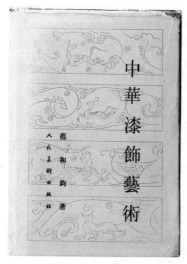

《中华漆饰艺术》　　　　　《中国茶业问题》

　　紧茶以粗茶包在中心曰"底茶"；二水茶包于底茶之外曰"二盖"；黑条者再包于二盖之外曰"高品"。如制圆茶一般，将各色品质，按一定之层次同时装入一小铜甑中蒸之，俟其柔软，倾入紧茶布袋，由袋口逐渐收紧，同时就座凳边沿照同一之方向轮转而紧揉之，使成一心脏形茶团，是为"紧茶"。

　　"底茶"叶大质粗，须剁为碎片；"高品"须先一日湿以相当之水分曰"潮茶"，经过一夜，于是再行发酵，成团之后，因水分尚多，又发酵一次，是为第三次之发酵，数日之后，表里皆发生一种黄霉。藏人自言黄霉之茶最佳。

　　天下之事，往往不可一概而论的：印度茶业总会，曾多方仿制，皆不成功，未获藏人之欢迎，这或者即是"紧茶"之所以为"紧茶"

之惟一秘诀也。

霉是普洱茶发酵过程中产生的真菌，消费者肉眼可见。好与不好的标准从这里散发。

范和钧在《佛海茶业》里说："丙、潮茶一盘灶须高品、梭边各百五十斤，概须潮水，使其发酵，生香，且柔软便于揉制。"

谭方之（1944年）也有很详细的记载：

初制之法，将鲜叶采回后，支铁锅于场院中，举火至锅微红，每次投茶五六斤于锅中，用竹木棍搅匀和，约十数分钟至二十分钟，叶身皱软，以旧衣或破布袋包之，而置诸簟上搓揉，至液汁流出粘腻成条为止，抖散铺晒一二日，干至七八成即可待估。

茶叶揉制前，雇汉夷妇女，将茶中枝梗老叶用手工拣出，粗老茶片经剉碎后，用作底茶，捡好之"高品"、"梭边"，需分别湿以百分之三十水，堆于屋隅，使其发酵，底茶不能潮水，否则揉成晒干后，内部发黑，不堪食用。

上蒸前，秤"底茶"（干）三两，"二介"、"黑条"（潮）亦各三两，先将底茶入铜甑，其次二介，黑条最上，后加商标，再加黑条少许，送甑于蒸锅孔上，锅内盛水，煮达沸点。约甑十秒钟后，将布袋套甑上，倾茶入袋，揉袋振抖二三下，使底茶滑入中心，细茶包于最外，用力捏紧袋腰，自袋底向上，推揉压成心脏形，经半小时，将袋解下，以揉就之茶团堆积楼上，须经四十日，因气候潮湿，更兼黑条二介已受水湿，茶中发生 Lposc 类之酵素，而行馥酵，俗称发汗。

谭方之强调这样的"发汗茶"，是藏区特供；李拂一记载的制茶法所制之茶，除了供给藏族聚居区外，还销往南洋一带。无论如何，这都是销区的消费观念。

他们都强调，这样做出来的茶，汤色红、香气浓厚。

销区的红汤茶饮用习惯养成

那么，一个更重要的问题是，为什么销区会形成这样的观念？

我们的历史研究表明，不只是西藏，内陆边疆的茶消费区，都有非常漫长的陈茶饮用史，这其中最重要的一个元素是交通，另一个重要元素是存储。

走茶马古道运茶，周期非常漫长，新茶往往要经过半年乃至一年的时间，才能抵达销区，而这个时间节点，往往进入了冬歇期。

负责分销茶的有两大机构，一是官方性质的茶马司，二是寺院。

茶马司与寺院是内陆销区很重要的茶储藏与分销机构，普通民众围绕茶马司消费，信徒围绕寺院消费。从《明实录》到《清实录》

都有大量记载，每过四五年便有奏请开仓放茶的请求，这些茶的数量非常大；这些信息都说明，普通民众喝到的大部分茶，至少都是有着四五年历史。

大的寺院更是讲究存放，今天的塔尔寺，还存有一个非常巨大的"大茶房"。寺院存大量的茶，主要是为大法事做准备，比如青海湖边，三世达赖喇嘛与俺答汗的结盟，一次就消耗了60多万包茶，这样大规模地消耗茶，如果没有大仓储作为支撑，是无法进行的。

藏区的大型熬茶布施，动辄就是万人以上规模，茶的储备非常重要。藏区的冬歇期，往往也是信徒朝拜期，大量信徒涌入寺院，寺院也需要大量地备茶以供消费。

马来西亚餐厅提供的熟普

陈渠珍在藏期间，发现当地人都在饮用红汤茶，他误以为是红茶。斯诺从昆明出发，一路向西的过程中，也发现了红汤茶多地存在。梁实秋在北京也喝过发酵后的普洱茶。这些都说明红汤茶的消费区的广泛性。

香港这些消费区，茶的储备是酒楼完成的。大部分当地茶商都是以供应酒楼为主，有些茶商自己就开有酒楼，或者就是酒楼直接参与经营茶，普通消费者以酒楼作为消费点。香港现在真正的茶馆非常少，基本找不到像大陆这样的茶馆，其实不要说香港，广州也是这样，著名的"早茶"就是典型的酒楼消费模式。

香港人认为，新到的普洱茶是无法喝的，起码要存放六七年。在 20 世纪 70 年代，香港技术仓开始出现。香港百年老字号的后人吴树荣在 20 世纪 80 年代，就发表了对普洱茶产地以及香港仓储的看法。

产区的红汤茶应对

针对消费区的饮茶习惯，云南茶商必须做出回应。

20 世纪 40 年代的云南茶商马泽如回忆说：

江城一带产茶，但以易武所产较好，这一带的茶制好后，存放几年味道更浓更香，甚至有存放到十年以上的，出口行销香港、越南的，大多是这种陈茶。因为一方面经泡，泡过数开仍然有色有香；另方面又极易解渴，且有散热作用；所以香港一般工人和中产阶级很喜欢喝这种茶。

这种茶一部分还从香港转运至新加坡、菲律宾等地，主要供华侨饮用；因而销量也比较大……

由于越陈的茶越卖得高些，我们一方面在江城收购陈茶，一方面增加揉制产量……

当时的云南，已经有存放 10 年以上的陈茶，不过，从未有资料表明，云南当地人喜欢喝陈茶，这也再次强化了品饮陈茶是销区消费观念。

杨克成谈起过美国人对云南沱茶的定义，既不是红茶，又不是绿茶，是红绿茶的中间种。杨克成本身对沱茶制作技艺不熟悉，其制作方法是谭方之所提供的。但杨克成谈到了很重要的一点，就是沱茶是为了解决饼茶路上会发霉这个问题而刻意造出的形状。而竹笋壳这些包装，恰恰是为了防雨、防潮，而不是有些人说的是为了发酵。沱茶产品已经有极高的含水率，长途贩运过程会有自然发酵。

马桢祥回忆云南茶商经营普洱茶，时间比马泽如晚了 10 年左右。这个时候，云南已经有陈放 30 年的茶。那些说云南没有老茶的人，想想也是蛮可笑的。

我们对茶叶出口一事，在抗战时期是很重视的，它给我们带来的利润不少。易武、江城所产七子饼茶，每筒制好后约重四斤半，这种茶较好的牌子有宋元、宋聘、乾利贞等，稍次的有同庆、同兴

等。在江城所加工的茶牌子较多，但质量较低，俗语叫"洗马脊背茶"，不像易武茶质细味香。这些茶大多数行销香港、越南，有一部分由香港转运到新加坡、马来亚、菲律宾等地，主要供华侨食用。也有部分茶叶行销国内，主要是新春茶。而行销港、越的多是陈茶，新是制好后存放几年的茶，存放时间越长，味道也就越浓越香，有的茶甚至存放二三十年之久。陈茶最能解渴且能发散。香港、越南、马来亚一带气候炎热，华侨工人下班后，常到茶楼喝一两杯茶，吃点点心，这种茶只要喝一两杯就能解渴。（马桢祥，《泰缅经商回忆》，《云南文史资料选辑》P173）

熟茶第一代匠人卢铸勋

1949 年后，鉴于国内经商形势大变，供需关系紧张，以卢铸勋为代表的茶人，走上仿制茶的道路。他先后仿制了宋聘号、同庆号、姑娘茶等在香港市场很受欢迎的云南茶，在研发红茶的过程中，无意做出了另一种红汤茶。

卢铸勋将10斤茶加2斤水，用麻袋覆盖使其发热到75度，经数次翻堆转红，再用30度（和暖）火力焙干，出来的茶叶泡了之后，发现汤色叶底与红茶一样，只是可惜没有红茶的清香风味。味道出不来怎么办？卢铸勋当时觉得外观上已经可以蒙混过关，只要味道差不多也可以过关，那么自制"红茶"就意味着财源滚滚。

卢铸勋把自己两个月的薪金（80元）拿出来，到香港各处去购买食用香精，回到茶坊继续试验。很遗憾，各种香精都调试过，始终无法制造出红茶的风味，他认为是制作工艺出了问题。决定再试验，于是再将10斤茶青加水发酵转红至七成干，放入货仓焗六十天后取出，这次，泡出来的茶汤色比蒸制的旧茶的褐色更深，茶味也更淡。

卢铸勋最终做成红汤茶的秘诀是：每担云南茶青加水20斤发热至75度，翻堆数次至约七成干，装包入仓即可。发酵出来的茶汤色深褐明净，口感不错，每担可以卖到320元。

卢铸勋后来把这门发酵技术传授给曾启，曾启之后到广州加入中茶分公司做茶叶发酵师傅，从此开始了在广州中茶分公司的普洱茶发酵之路。后来香港祥发咸蛋庄老板张旺燊笑卢铸勋是傻子，怎么会轻易把技术外传，还扬言，未来10年香港茶业的局面会因为此技术而改变。后来果然被他言中，以后10多年内，居然没有茶青运往香港。

1962 年，卢铸勋与南天贸易公司（香港著名的茶业公司，很长一段时间里，垄断大陆到香港的所有茶叶贸易，与当时的香港港九茶商自由贸易思想有矛盾冲突）的周琮到泰国了解茶业情况。在周琮引荐下，卢铸勋认识了曼谷茗茶厂的杨大甲，周琮还协助卢铸勋与当局交涉，多留了一周在曼谷，向当地茶厂传授普洱茶的发酵技术。自此，泰国也开始了使用普洱茶的发酵技术。今天，泰国依旧在卢铸勋教授的技术下生产普洱茶。

1975 年，原本要和周琮一起成立南泰昌有限公司的卢铸勋因为种种原因，没有参加，而是另外成立了裕泰贸易公司，经营茗茶厂所制的发酵普洱茶。1976 年，周琮邀请卢铸勋前往云南，他没有去，而是让周琮带回去发酵普洱茶的方法，之后，发酵普洱茶传到云南，云南也开始普洱茶的发酵之路。

1975 年，卢铸勋制作出第一批 100 支同庆号茶饼，1976 年运到香港，开始在三个茶庄卖。1979 年，他前往长沙益阳茶厂指导制作发酵茶；1989 年 5 月 7 日，开始做"福华号·宋聘唛"，共 420 支；1992 年前往越南胡志明市指导制作发酵普洱茶；1996 年转让制作同庆号技术给越南胡志明市竹桥国有企业公司林思光。

广州与昆明的现代熟茶之路

1959 年，中茶广东公司在曾启的指导下开始了发酵茶之路，曾启的发酵技术全部来自卢铸勋。曾启把从云南运来的毛茶与广东当地的茶青进行拼配，做成了广东人喜欢的红汤普洱茶。这些茶经过深圳，返销到了香港。

那么，问题是，李拂一、谭方之时代的茶，在 1949 年后云南本土有无延续呢？

1951 年《中国茶讯》的冯军所写的《云南茶叶产销概况》介绍的普洱茶制法，这篇文章里没有见到发酵茶的制作方式。

1952 年，云南省中茶公司的指导方针是云南茶红茶化，主要对接的销区是苏联。

根据普洱茶研究者杨凯的引述，唐庆阳在 1957 年谈论到发酵茶的制作。"1949 年（以）来，西双版纳茶厂打破过去雨季中不能加工的做法，提前在三季度雨季中生产侨（销）圆茶。经过一定温湿度人为技术管理，不但控制霉菌生长，而且仍然保持圆茶后发酵滋味醇厚的特点，以应消费者口胃（味）的要求，并加速了产品出厂。"

同期的销区资料却是，云南流出来的茶，没有之前的茶发酵得好。比如西藏人就先后诉苦说，新到的未发酵的普洱茶，他们喝不习惯，有些人甚至喝了之后出现腹泻、头晕的症状。

这是 1955 年以来，云南启动采摘野生茶、大树茶（古树茶）带来的后遗症。

我们推测，至少在 20 世纪 60 年代，云南是没有延续，至少不是规模化生产发酵茶的。

但云南非常希望把普洱茶再次打入香港市场，当时一个主要由头是，普洱茶可以赚到外汇。这也是滇红茶力主海外市场的一大动因，冯绍裘晚年回忆说，滇红为国家挣了不少外汇。1958年，中共中央秘书处给凤庆茶厂的回信也说到要增加红茶出口，支援国家建设。

有一年，在广州交易会上，到广州参展的云南中茶工作人员得到一个信息，就是发酵红汤普洱茶在香港还有很大的市场，仅仅靠广东以及香港自身的供给，远远不够。重要的还有，在云南制作，可以降低许多成本，价格上有优势，大家都有得赚。

云南省茶叶公司非常重视香港市场，但怎么做红汤茶，云南新一代技术人员都不知道，于是从各大茶厂调派技术人员，去广东学习。出去考察学习的人员有7人，分别来自昆明茶厂、勐海茶厂以及下关茶厂。现在被宣传成"现代熟茶之母"的吴启英，就在名单上，她是审检室的负责人，同时去的还有昆明茶厂副厂长安增荣、技术人员李桂英，勐海茶厂邹炳良、曹振兴等人。

技术学了，人也回来了。但工艺遇到了水土不服的问题，核心还是用水问题，到底是冷水发酵还是温水发酵？最后昆明茶厂选择了冷水发酵，反复试验，调制口味，一年后取得突破性进展，第一批成果成功打入香港市场，卖了10.2吨。1974年广州交易会又成交12.37吨。又一年后，1975年，勐海茶厂与下关茶厂相继出发酵茶，延续至今。从几家茶厂为发酵茶起的"唛号"来看，也是销往香港的意图很明显，还是那句话，赚外汇！

马来西亚槟城的小店

　　"唛号"就是英语"mark"在粤语里的记音，今天网民常用的"马克"一词，微博的标签也是这个意思。现在茶友熟悉的勐海茶厂"7452"和"7572"就是唛号，开始两个数字74、75是指当时的年份1974年、1975年，第三个数字是茶叶等级，5是五等，7是七等，最后一个数字表示茶厂，1是昆明茶厂，2是勐海茶厂，3是下关茶厂，4是普洱茶厂。以同样的方式去理解昆明茶厂唛号是7581、下关是7663就比较容易。

普洱熟茶技术成型在 1983 年，1985 年熟茶工艺获得云南省科技进步三等奖。1985 年也是普洱熟茶的大发展时期，出口到港澳的数量猛增至 1 560 吨，之后数年一直维持在 1 000 吨左右。1981 年，普洱熟茶出口到日本 542 吨。

这些以美元作为计价单位的产品，为云南茶叶赢得不少荣耀。

茶叶图景：茶叶对世界的重塑

今天是茶业复兴沙龙第60期，也是2017年"茶叶方法论"第一讲。

过去 1 000 多年，都是绿茶的世界，琴棋书画诗酒茶，雅文化，我们以为绿茶研究工作已经做完了。但英国人出现了，红茶崛起，开启红茶世界，塑造了全球的饮茶格局。但今天我们要谈一种黑茶，这样的故事，在过去的中国，并没有被正式关注。过去谈论不够深入，我们讲座的主题：茶叶图景，茶叶是如何完成对世界的重塑。

重塑是今年我们"茶叶方法论"的主要关键词：第一部分是唐朝以来茶叶与内陆边疆；第二部分是明清以来茶叶与内陆边疆；第三部分会谈到以茶治边；最后就回到了茶叶对大英帝国的重塑。

第一部分出自《茶叶江山》

2009 年，我到青海去考察。在青海日月山一个普通牧民家里，看到门楣上有一副"之子于归"的横联，很惊讶。毛笔繁体字，像我们楼下"茶业复兴"一样，怎么读怎么断句很重要，在地图上找不到我们"茶业复兴"，地图上写成"兴复茶叶"了，所以我当时看到如此古老的句子非常吃惊。（包括后来我们到雨崩，当地人和我们讨论很古老高深的文化，在大理，所有的喜怒哀乐都写在门楣上。）

所以我首先记得这四个字，在喝茶的时候，吃进去第一口，又呆了。难以下咽，太难喝了。茶里面加了盐巴，后来我观察到茶杯是一个锔过的茶碗，我们今天锔茶杯茶碗，图好看，是锔的价值，但在 8 年前我看到那个锔过的茶碗对于他们来说是珍贵的，是茶杯本身很有价值。我们喝完茶之后稍作休息，主人请我们看个好东西，他拿出收藏的字画请我鉴赏，当时我压力好大，只能随便应付过去。主人认为研究茶文化的一定是有学问之人，就应该懂书法字画。

向导问我，让我猜猜他们家茶藏在什么地方，我们说了几个位置，不在厨房，也不在书房。他告诉我们在卧室，父母的卧室一定是放最珍贵最值钱的东西的，所以我一看他们的床头柜里全是茶。主人说这是我们最重要的资产。现在茶是这样的，家里的藏茶等同于财富。在青海的玉树，现在还可以用茶当货币使用，在内蒙古很多区域都是如此。

锔过的瓷碗

魏明孔先生在《西北民族贸易研究：以茶马互市为中心》里讲了一个事，说李唐时期，西北一支少数民族愿意出 1 000 匹马换一本陆羽的《茶经》，可是朝廷居然从未有人听过陆羽这个人和这本书，最后还是陆龟蒙找了一本《茶经》帮朝廷解决了难题。

　　西北区域按照今天的说法是："宁可三日无肉，不可一日无茶"。我们的第一个故事发生在日月山下，而日月山下，也是第一个茶马互市的设立地。到了宋代这里有"都大提举茶马司"，他们总结过去李唐朝廷愿意开放，愿意和少数民族往来，是因为打仗需要战马；而到了明代，官府比较警惕，茶马政策很严厉，朱元璋的女婿就是因为私贩茶叶，被腰斩了，到了清乾隆年间有三次熬茶布施。当时政权盘踞在新疆伊犁，他们后来南下以熬茶布施的名义进行贸易，都是在这一带完成，所以我们说这一带是"海藏通衢"。

青海特色餐

通过这些场景，我得出了几个结论：

第一，礼仪层面。以茶待客。坐，止息。饮，调理。

以茶待客，源自茶水的这种活性。在中国人的观念里，人无论是站着，还是走着，没有坐下之前，都会被视为耗费能量并产生热的阶段，那么，坐下就需要为身体降温，阻止热的持续消耗。身体除了补充热量外，还有阻止热量消散的办法，其中最便捷的方式就是饮水，在人学会使用火之后，煮开水也被视为一种热量耗散的直观经验，人可以目睹其从减少到完全蒸发的全过程。

第二，混饮法。

陆羽、樊绰等人记载的唐代，饮茶要加盐巴，并非清饮。今天牧民的茶，除了有盐巴，还有动物奶、酥油、草果、姜片、花椒、面食、油炸食品等，这视个人与家庭口感而定，也受时令的影响。

塔尔寺熬茶大锅

340

比如加辣椒，就是在冬天最冷的时候，可以帮助驱寒。加盐巴却是常态化，尤其待客的时候，当地谚语说，"人没钱鬼一般，茶没盐水一般，肉没蒜味一般。"我当时也以为如书中所记载，这些盐、胡椒等是人们后来加进去的，形成这样的混饮，后来我到了青海才发现青海湖是个咸水湖，周边很多地下水都是咸的。

我们到了内蒙古地区，喝的水也是咸的。经过考察我们发现过去大家喝的都是咸水，这样长此以往，他们就以为喝的水就是这样的。后来喝到淡水他们会觉得不习惯，还往水里面加盐巴。这种长期形成的习惯是更改不了的。所以我认为我们很多人，离开消费区，离开源产地，谈研究是不可信的。

另一种不可信，2004年，就是《天下普洱》出第一版的时候，说宁洱不产茶。10年前昆明人说宁洱有什么茶，完全是因为普洱茶在宁洱是做贸易，宁洱不产茶的历史很悠久。

有一篇文章叫《普洱茶记》，作者阮福是经学大师阮元之子，金石学家。阮福看过"贡册"，上面记载了比如普洱府今年交了多少粮，粮在哪里，交了多少斤茶，茶在哪里。他没有去过那里，就凭从他父亲手中看到的资料，记录茶叶从茶山运到普洱府，通过贸易扩散开来。因为这个交易地叫"普洱"，所以茶就叫普洱茶，并说这个地方不产茶。

他这样的记录延续下来，所以包括云南人在内的很多人都认为普洱不产茶。我们应该多问问、多了解，远了不敢说，从清代开始普洱是一定有茶的。我们要纠正一个说法要花很多年，而现在就没有人说宁洱没有茶了，所以我们要到茶山，到山头去，山上都有大茶树、原始居住民，每年茶叶采摘的时候，当地人都要祭拜，它也给我们提供了很多人类学的一些背景介绍。

唐代的一个官吏樊绰，在天宝年间李唐与南诏国打仗的时候滞留在云南，他写了一本书，当时叫《蛮书》，后来有些人觉得这名不好，更名为《云南志》，里面记载了云南人在当时是怎么喝茶的，就是我们所说的混饮法。

古代所有的地理志，都是写好了交到朝廷手里，告诉皇帝，他的麾下多么的地大物博，有多少特产。

皇帝的口味就是老百姓的口味，老百姓说好，皇帝就拿来试试，就成了贡品。所以说，哪有什么皇帝口味啊，满脑子的贡品思维要不得。过去老百姓的贡品就在深山老林，而不是在都市。我们谈到的贡品，与时令有关系，以后我会多去几个地方考察，比较它们的地质结构、物产，它们的变化及演变的历史。

第三，砖茶与财富的关系。

我现在非常关注紧压茶。南边的茶在往北方输送的过程中，为了运输的方便，唐代做出了团茶，宋代做出了紧压茶，都是为了节省空间。艾梅霞（Martha Avery）所著《茶叶之路》中提到了一个很大胆的假设：最早的饼茶是怎么来的？最早的茶是装在竹筒里面的，然后用锯子锯开，就是像饼一样，大家都觉得很好，索性后来的茶都压成饼状。

艾梅霞（Martha Avery）这个大胆的假设我觉得很有道理。竹筒也是用来储藏东西的工具，我们去勐库考察，当年没有秤，没有度量衡，就用竹筒来装，一筒计算多少钱，茶、大米都是用类似的方法。所有的散茶都装在竹筒里，方便运输，要喝的时候把竹筒切割开。所以茶的形状是很规整的。后来演化至今，茶压成饼也是用竹子皮包起来。还有茶放在箱子里，紧压之后，同样的箱子可以装更多茶，也方便运输，乃至储藏。

我们发现紧压茶带来了一个更有意思的东西就是后发酵。我写过《普洱熟茶的编年史》，可以从中了解熟茶。中国人饮用陈茶的习惯历史悠久，在《明实录》和《清实录》里面都有记载，官员开仓，都是把茶马司四五年的茶拿出来卖给老百姓，他们基本上喝不到新茶。再加上他们混饮的习惯，他们不像南方人喜欢清饮，南方人要的是茶的滋味，茶的维生素等茶的本身，所以南茶北上带来了整个紧压茶的兴盛。大批的茶都被加工成"砖"样、"饼"样，到了西北后，大批量的茶进入政府的茶马司仓库和寺院的大茶房。

明、清茶马司约每五年清理、抛售一次陈茶，价格便宜，许多百姓大量购茶都是在这个时期，寺院的熬茶布施时间也被限定在特别的日子，故老百姓消费陈茶是被迫形成的习惯。今天普通百姓长期饮用的茶，都是陈茶。我们盯着产茶区是看不出来的，而消费区才有喝陈茶的习惯。

茯砖茶在青海流行，好的茶在中原就被消耗掉了，不好的茶再往外卖。所以当年人们给外卖茶起了很多有意思的名字，"茯茶"这个"茯"就是"附"的意思，意味着不好，次品货。

在陕西康县一带看到一种"杆杆茶"，我很吃惊，一看都是一些茶梗、树枝，几乎没有茶叶，而且卖得很贵，但是煮了之后滋味很好。

今天湖南"茯砖"在西北流行，那是当年左宗棠收复新疆一路到西北，强推的"茶柜"制度带去的。他把家乡的茶叶带去了，影响到现在。

第四，对中原雅生活的向往。

琴棋书画诗酒茶。晚清湘西王陈渠珍（沈从文的老师）到湟源，当年他是到西藏平乱，写了一本书叫《艽野尘梦》，这本书写得非常好，我去四川的时候，四川师范大学王川教授送了一本早期的版本给我。汉语里面很少有提到"求生存"，那时候他从西藏往北走，穿过羌塘大草原，九死一生来到湟源。

书中讲到"人性"。路上饿了，看到一帮到西藏求学的僧侣，他们讨论怎么打劫人家，书中还记录了路上吃人肉来着，这在汉语书里就很罕见了，尤其是自己参与在其中。他到达湟源以后发现那里更崇尚汉文化，简直吓坏了，当地妇女都是"三寸金莲"、崇尚

塔尔寺茶桶

344

古风。这就是我今天为什么还要去这些地方考察的动因，因为它变化很缓慢，能更好地保留一些长期不变的东西。

我和李乐骏写《茶叶江山》的时候，去到雨崩，到了阿那祖家里，发现他家就是一个大博物馆。他收集了很多铜锅，有很多鹿头、麂子皮，对狩猎民族来说，这些就是战利品。因为他与外界接触机会很少，所以他出去一次就带回去很多东西。像雨崩这样的地方非常封闭，所以当地人好不容易出来一趟带回去的东西会非常珍惜，也非常喜欢囤物。茶叶也是这样的，所以他们非常崇尚他们接触到的这种雅生活。一个内地人到那里去，太想学习和了解了，《茶叶战争》中俺答汗那篇，专门谈到了这个问题，早些年他们喝茶是生理的需要，后来就演变成追求精致文化的需要。我们同样需要一种精致文化。

寺院又如何？

塔尔寺的大铜锅，最大的直径 2.6 米，深 1.3 米，能够供应 1 000 多人饮用，我和乐骏去拉萨的时候，大昭寺、小昭寺和色拉寺门口都有这样的大锅。这些大锅在阳光下金灿灿的，它的主要功能就是做饭和熬茶布施。乾隆年间，拉萨的主持写信给乾隆，要求调铜入藏，他们要用铜制造锅，用来做法事。最后皇帝下令从云南的中甸调铜入藏。

在青海湖，当年俺答汗与达赖四世组织的茶会上来了十万多人，熬茶布施一次就消耗了六十多万包茶叶，所以大茶会非常耗钱。

泡茶用的多穆壶，皇宫叫"金茶桶""银茶桶"，出嫁女儿，都要将之作为陪嫁品。藏语"E"字，"茶"的意思，发音为"jia"，

来自古代汉语里"槚"的发音。

　　熬茶布施，信徒围绕着寺院，寺院管理茶的是大茶房，官方管理茶的是茶马司。

　　大茶房里，熬茶的时候楼顶上有一根梁，梁上吊着一根绳子，这根绳子是吊人用的，把人吊在空中搅拌茶叶，喇嘛来了，把熬好的茶用多穆壶分给大家，没有那么多杯子，有人用毡帽接茶喝，有人用手抔着喝。

　　这些就是《茶叶江山》讲述的故事。

　　不管是在藏地还是在汉地，寺院都是茶饮的第一推动者。

　　茶是替代饮品，我写《茶叶秘密》《茶与酒，两生花》，都反复谈了这一点。有很多人喝酒、喝咖啡，也有人喝醋、喝果汁，它们都是一个替代品。长期以来饮料业都是竞争白热化的。早些年，我们喝的五色饮和五香饮都影响了茶的发展。茶更多地借鉴了酒。

长期以来我们所有的东西都和"酒"有关系，谈阶级，比如"爵"就是酒杯的意思，什么样的人拿什么样的杯子。

酒肉是儒家文化最重要的东西，没有酒就没法和鬼神沟通。在殷商时期，就是通过酒和神沟通，儒家把持酒肉，道家影响冶炼术，并对中医产生了影响，把茶汁榨出来，形成膏，这对中药有贡献。释家只有在茶杯里寻找灵思。早年佛教是伴随着商队传播到中国，商队免税，有强大的武装力量可以保护僧人的安全。早年佛教不吃素，到了唐代武则天时期，特别是南北朝，道家是吃素的，佛家才开始吃素。在西北佛家还是吃肉。

无论是藏传还是汉传，寺院都会储藏茶叶，它的茶叶来源，可以归纳为以下几种：

熬茶布施

①僧人家庭供应；②用供奉购买；③化缘；④施主布施，然后寺院以集体统一供应的方式得来，施主一般是以钱给寺院布施，然后由寺院购买茶叶，熬茶后再分给僧侣们饮用，也有一些施主是直接给寺院布施茶叶；⑤政府供给，这也是大头，在民国时期还有熬茶布施，茶到现在都没有市场化；⑥自己经商，云南中甸松赞林寺和青海玉树的结古寺都拥有马帮，喇嘛亲自参与经营，非常富有。松赞林寺，非常有钱，有马匹、粮食。在国内，很多经济学现象形成了一种买卖贸易制度，我们去的康定，是茶站模式，也有一些茶经纪人模式，还有寺院借钱的模式，比汉传佛教发展得要好。

寻找茶的源头，也是寻找中国的源头。

甲乙寺住持年纪与我相仿，2009 年我去的时候，我送他的茶是一个沱茶，当地叫窝窝茶，在当地有名望的高僧才能喝到的，他说平时就喝"黑砖"（国家补助），他非常开心。去藏地旅游带上这个茶，在藏区会很加分。后来到了塔尔寺，因为有住持的帮忙，我们才得以进去考察大茶房。

20 世纪 40 年代，《康藏史地大纲》的作者任乃强先生，提出过 "china" 一词也有可能来源于西方人对 "茶" 的音译的观点。"茶马古道六君子"（木霁弘、陈保亚、徐涌涛、王晓松、李林、李旭）、藏学家王晓松从茶马古道上民族语言的比较角度进一步说，藏语称呼茶为 "jia"，招呼人喝茶叫 "甲统"，至今把汉族叫 "甲米" ——产茶或贩茶的人，把产茶地方称为 "甲拉"，这个发音，与 "china" 很接近。

寻找茶的故事，也是寻找中国的故事。

历史上中国长时间处于分裂状态，只有在乾隆廿四年（1759 年）到道光二十年（1840 年）这 81 年是前所未有的统一。这是葛剑雄在《统一与分裂》里说到的数据，许多人很震惊，却也是事实。今天很多人骂清代，但清代实现了真正的统一，所以说"打江山容易，守江山难"，茶叶就起到了一个稳定江山的作用。

康熙几征蒙古，都发生了奇怪的事。作战找不到人，但经商就可以找到人。一个著名的商号叫"大盛魁"，秋原先生所著《清代旅蒙商述略》，谈到了"大盛魁"，他们每年去蒙古收的利息是七万只牛羊，他们放贷只收利息，不收本金。这些商人通过年年的经商，就把蒙古变成一个负资产地区。

Bundesarchiv, Bild 135-S-14-26-09
Foto: Schäfer, Ernst | 1938/1939

熬茶布施

这些民族就不跑了，定居下来，他们有了信仰以后，就盖了庙宇，有了财产，就开始了稳定的生活，像云南就相对稳定，所有的民族有了共同的物质基础。在《茶叶江山》里，我们引用了一篇外国人的文章，《不喝茶的中国人，还是中国人吗？》，中国56个民族终于找到了一个大家可以共同说的话题了。

　　找这样一个共通的话题非常难，用今天的角度看就是"社群概念"，在整个大西北、内陆、边疆都是如此，打下一片江山是一方面，要形成一个有效的共同体还是需要贸易，真正促进老百姓的生活发展。

　　大一统的历史事件是，清军平定了"大小霍加（波罗尼都、霍

Bundesarchiv, Bild 135-BB-133-09
Foto: Beger, Bruno | 1938/1939

熬茶布施

集占)之乱",统一了新疆,同年收复喀什和叶尔羌城,南疆统一。谭其骧主编的《中国历史地图册》记载了中国最大的疆域,现在很多地方已经不在版图内了,但在当时疆域是非常大的。

谈完内陆边疆,下面我们来谈谈沿海。

比如俄罗斯历史上侵入我国边疆多次,打一阵走一阵,没有真正意义上占领过哪里。当年我们打越南、缅甸,都守住了国土。而在海上,我们一直失败。所以我们所说的百年屈辱史,就是从这里开始的。茶在其中,有着耐人寻味的一面。

《茶叶战争》就是讲 "鸦片战争"。

我列举几个不太出名的史实,这就是我为什么把"鸦片战争"界定为"茶叶战争"的理由。林则徐南下广州禁烟,并不风光,开始并不顺利。

停水、断粮、堵柴火,收效甚微。接着送礼,开始送了酒,有一点点成效。后来终于搞明白外国人来我们国家就是为了贸易。最后的终极大招,"一箱鸦片换 5 斤茶",一天便收缴鸦片上千箱。

鸦片战争的赔款,其实就是赔付这笔"茶钱",最后出钱的也不是清政府,而是大茶商伍秉鉴。

这只是我把"鸦片战争"修订为"茶叶战争"的一个理由。

1. 茶运与国运密切相关

换一个角度说,中国茶叶的大量出口,换回了很多白银,导致了世界 2/3 的白银流向中国,而西方国家则发生了白银荒。后来英国人为了改变贸易逆差,发现中国人喜欢抽鸦片,于是往中国输送鸦片。其实不改进鸦片的吸食方式是不容易上瘾的,而很多国家没有禁止抽鸦片，也没有亡国啊！比如伊朗和印度。

为什么中国人喜欢？因为鸦片有"春药"的性质。明代就出现过鸦片的记载，当时鸦片有类似砒霜的用途。到了清代出现了"瘾君子"，是台湾人改变了鸦片的吸食方式。这种吸食方式的改变，导致了鸦片吸食容易上瘾。当年民间传说抽鸦片可以克瘴气。在广州和云南都有人为了克服瘴气吸食鸦片。

2. 到底茶叶有没有那么重要

不少人从《茶叶战争》想到《货币战争》，这是读书少的原因。其实我们的书要早于《货币战争》，这是闲话。

乾隆年间历史学家赵翼断言："茶叶、大黄……天若生此二物为我朝控驭外夷之具也。"就像我们今天说原子弹，当年的茶叶就是资源，说原子弹有点过，但类比石油是没有问题的。

林则徐也一样说："茶叶、大黄，外国所不可一日无也，中国

西藏 马帮商队 1938 年

若靳其利而不恤其害，则夷人何以为生？"

魏源说："中国以茶叶、湖丝驭外夷，而外夷以鸦片耗中国，此皆自古未有，而本朝独有之。"

曾望颜（当时的广东巡抚）说："夷人赖以为命，不可一日欠缺之物，乃茶叶、大黄。而此二物，皆我中原特产。"

茶叶真的在历史上发生了实效。

明代《永乐大典》的主编解缙说，中国最好的东西是茶叶，番人最好的是马。为什么茶马互市那么重要？夷人对中国感兴趣，会用马换你的茶；礼仪很重要，夷人对中国的生活一直非常向往。

解缙说，茶有着"夷夏之交，义利之辨，寅宾尚忠信而笃敬，河州固唐虞三代之邦也"。

以茶为介质，还可以看到更多。

西藏牦牛商队 1939 年

西边（夷番）——茶——中心（华夏）；

西边（野蛮）——茶——中心（礼仪）；

西边（藩篱）——茶——中心（中心）。

历史上的几次茶叶制裁，都成功了。

1. 嘉靖二十九年（1550年），俺答汗率10万精锐骑兵进犯京师，史称"庚戌之变"，嘉靖是个很傲慢的人，不喜欢和少数民族谈判，不愿意和少数民族交往。最后俺答汗兵临城下，就是为了做贸易。

今天的呼和浩特、张家口一带都是因为贸易发展起来的。我们云南安宁人杨一清，当年在陕西做官，他说修建长城太费钱了，修建防御工事，不如做茶叶贸易。有形的疆域难守，无形的疆域还好守一些。百姓生活稳定，安居乐业，多好啊。你们可以参考《清实录》《皇明经世编》，这些书中有大量关于茶叶贸易的记载。

2. 乾隆对俄罗斯的贸易制裁。当年恰克图（在今蒙古国边上与

西藏扎布伦寺熬茶用的铜锅鼎

西藏马帮马锅头 1939 年

俄罗斯接壤）是一个茶叶贸易地，俄罗斯人杀了人，不交出凶手，乾隆皇帝很生气，就下令封关，想逼对方就范，但俄罗斯人没有就范，聪明的乾隆发现，俄罗斯人开着船和广东人做贸易，索性把广东沿海也封了，彻底切断了贸易的路径。果然俄罗斯交出了犯人。清人喜欢皮毛，俄罗斯人就用皮毛换茶叶。

3. 道光对安集延的贸易制裁。1828年，道光决定对安集延进行贸易制裁，他听说安集延每年从内地走私茶十余万斤，甚至二三十万余斤之多，于是下令关卡严查走私，层层问责，"欲禁安集延交通之弊，必先禁外夷所用之茶"。之后从都统、总督，到巡逻兵、商人，全部纳入问责人员名单。

4. 英国人其实也害怕这种以茶制夷的策略，早年间英国人在西西里种植茶叶，反复实验仍不成功。英国人很喜爱茶，最后派人从中国偷茶种，在印度种植。所以我们看出，明朝后期蒙古政权领袖

小牛与小孩

俺答汗通过茶与黄教的结合而达成蒙、藏联盟，清代满族则通过三次熬茶布施把满、蒙、藏三大族贯串起来。这样小小的一个商业贸易，完成了一个国家之前没有完成的使命。在陆路战争中我们赢过，但在海战中我们没有赢过。在蒙古，呼和浩特、恰克图因茶而就，为了打开边关贸易，明代俺答汗不惜代价，9 次开战，最后围攻京师。

在清代，大盛魁商号完成了中央政府所不能完成的壮举，以商业力量把整个蒙古做成负资产区域。

1830 年，英国开始在印度种茶，只用了 58 年的时间，就让整个印度茶叶出口超过中国。为了向中国倾销茶叶，1888 年和 1905 年英国两次入侵西藏，目的就是从西藏打开茶叶贸易，那个时候英国已经是海上霸主，他们要争夺陆上霸权，内陆边疆岌岌可危。

四川总督丁宝桢，宫保鸡丁的发明者，派黄懋材视察茶园，他们察觉到英国人迟早要打进来。黄懋材是横断山脉的命名人，他没有从四川进入西藏而是被迫绕道云南，他发现这边是山川河流，和江西上海一带不同。

江浙一带水是往东流淌，这里不同，是从北往南流。这些水是被大山阻隔了，所以给这里的山命名"横断山脉"。

后来黄懋材在曲靖富源当过知县。虽然很不得志，但是他对当时的地理考察，包括考察印度都对社会相当有贡献。

1892年，丁宝桢的继任者刘秉璋上书总理衙门，提出"不能让印度茶进入西藏"，沿海已经门户大开，西南内陆边疆再打开，中国就真的完了。所以清政府经过了四年的漫长谈判，最后决定把锡金割给英国，但茶不能入藏。

茶叶是多么的重要。

不让印茶入藏，刘秉璋说了五点：

第一，销往西藏的川茶利润极大。

第二，茶产业链已经形成，茶马古道串连着茶园、制茶者、运茶者（马夫、脚夫）、消费者、兵帅等数十万人。西藏发的茶饷，等同于现在的工资。

第三，茶与藏饷关系密切，茶是兵将赖以谋生的主要物资。1750年，大清中央政府在西藏恢复了常驻军，军饷由四川提供，而其来源正是茶叶销售。

第四，藏族群众已经形成自己的饮茶习惯，不喜欢印度茶。

第五，运输茶叶的茶马古道还是信息通道，这里的信息比官方来得更快，是维护边地安宁的重要通道。

西藏三大寺都反对"印茶入藏"，他们认为外茶会动摇西藏的信仰基础。驻藏大臣色楞额说："边民奉佛法为正宗，视洋教如冰炭。"我们是信奉佛教的，英国信奉基督教，以此为由上书朝廷不让茶叶进来。但实际上守是守不住的，当年大理、丽江都有茶叶贸易，他们已经将茶叶卖到康区了，到了1906年清政府想了一个办法，直接把茶种在西藏。四川总督赵尔巽令金川地区屯兵就地种植茶树，"先求多栽多活，次求采制得法"。

他的继任者赵尔丰为了保住川茶在西藏的地位，大力整治川茶。他倡导在雅安设立边茶公司，支持西藏人民抵制印茶，打破边茶不出关的限制，并在里塘、巴塘、昌都设立售茶分号，减少中间环节，其目的就是直接和印茶竞争。

1907年2月25日，张荫棠致电外务部，陈治藏20条。其中一点，谈的是茶树入藏种植的问题。在张荫棠看来，价格更低的印度茶征服藏族群众是迟早的事，因此他倡议引茶种入藏地，教民自种，

活佛的瓷碗

359

以抵制印茶。

我们在茶里面看到了太多，想来吃中国这碗饭的除了英国人还有法国人。1895 年，法国人划走十二版纳辖地乌德、乌勐，今天古茶园众多的老挝丰沙省（易武茶区）就是当年划分出去的。云南著名学者陈荣昌当年上书光绪帝道："法国人修滇越铁路，怕是不能修。"云南有重要的矿，有各种各样的物资。唯独只谈茶，可见茶有多么重要。

图书在版编目（CIP）数据

茶道方法论 / 周重林 著 . —武汉 : 华中科技大学出版社 , 2019.1
ISBN 978-7-5680-4793-7

Ⅰ . ①茶… Ⅱ . ①周… Ⅲ . ①茶文化 - 基本知识 - 中国 Ⅳ . ① TS971.21

中国版本图书馆 CIP 数据核字 (2018) 第 277699 号

茶道方法论 周重林 著
Chadao Fangfalun

策划编辑：杨 静 陈心玉
责任编辑：陈心玉
封面设计：王天华
责任校对：张会军
责任监印：朱 玢
出版发行：华中科技大学出版社（中国·武汉） 电话： (027) 81321913
　　　　　武汉市东湖新技术开发区华工科技园 邮编： 430223
录 排：华中科技大学惠友文印中心
印 刷：中华商务联合印刷（广东）有限公司
开 本：880mm×1230mm 1/32
印 张：12
字 数：262 千字
版 次：2019 年 1 月第 1 版第 1 次印刷
定 价：88.00 元